草坪学实验实习指导

赵玉红　主编

U0219596

中国农业大学出版社
·北京·

内 容 简 介

　　本书由草坪草及草坪地被植物、草坪生态学、草坪建植、草坪养护管理、草坪经营、高尔夫球场草坪工程等 6 部分组成。主要内容为配合草坪学课程内容的实验、实习指导。

图书在版编目(CIP)数据

草坪学实验实习指导/赵玉红主编. —北京:中国农业大学出版社,2019.4
ISBN 978-7-5655-2193-5

Ⅰ.①草…　Ⅱ.①赵…　Ⅲ.①草坪–实验–高等学校–教材　Ⅳ.①S688.4-33

中国版本图书馆 CIP 数据核字(2019)第 061728 号

书　　名	草坪学实验实习指导		
作　　者	赵玉红　主编		
策划编辑	赵　中	责任编辑	洪重光
封面设计	郑　川		
出版发行	中国农业大学出版社		
社　　址	北京市海淀区学清路甲 38 号	邮政编码	100193
电　　话	发行部 010-62733489,1190	读者服务部	010-62732336
	编辑部 010-62732617,2618	出　版　部	010-62733440
网　　址	http://www.cau.edu.cn/caup	**E-mail** cbsszs @ cau.edu.cn	
经　　销	新华书店		
印　　刷	北京时代华都印刷有限公司		
版　　次	2019 年 5 月第 1 版　　2019 年 5 月第 1 次印刷		
规　　格	787×980　　16 开本　　14 印张　　250 千字		
定　　价	30.00 元		

图书如有质量问题本社发行部负责调换

编委会

前　　言

　　草坪学是研究各类草坪草、草坪建植、草坪养护管理的理论及技术的一门应用科学。它隶属于草业科学，是草业科学的一个特殊的分支，即将草本植物用于建立特种绿色地被。草坪学是一门实用性和应用性极强的科学，草坪学实验实习在该课程学习中占有十分重要的地位。但草坪学的实验实习没有固定的程序和公式，应该根据具体的主客观环境条件灵活地做出判断，而非循规蹈矩，这是本课程对学生在学习中的最基本要求。

　　《草坪学实验实习指导》由草坪草及草坪地被植物、草坪生态学、草坪建植、草坪养护管理、草坪经营、高尔夫球场草坪工程等6部分组成。本实验实习指导书的内容是根据草坪学课程内容及实习时间安排，并结合西南几所院校实验场地及实验室的具体条件而拟定的。但由于条件所限，有些实验和实习不能安排进行。有望今后逐步改善条件，我们将进一步充实实验和实习内容。

　　通过本书的编写与使用，使草业科学专业学生和草坪工作者受到技术技能的系统训练，并为草坪从业者提供参考。这是编写本书的目的所在。

　　在《草坪学实验实习指导》完成之时，在这里对西藏农牧学院教务处表示感谢，是他们的确认才使本书纳入编写计划，他们对本书进行了精心组织和全力支持。

　　虽然编者从本书策划到编写、修改、编辑、出版等方面付出了极大的努力，但由于水平有限，编写时间仓促，错误和不足之处在所难免，恳请广大同仁及读者批评指正！

编　者

2019年2月

目　　录

第一篇
草坪草及草坪地被植物

实验一 草坪草特征识别

一、实验目的

通过实验,使学生认识并了解西藏当地种植的草坪草种类;掌握冷地型草坪草和暖地型草坪草的基本特征;正确识别当地种植的不同草坪草,从而为草坪建植和管理奠定基础。

二、实验原理

草坪草的识别主要是借助植物分类学的方法,依据草坪草根、茎、叶、花、果实和种子的外部形态,利用植物检索表的形式,对其进行鉴定、识别。

在识别草坪植物时,首先要确定草坪草的科名。由于目前我们所接触到的草坪草 95% 以上是禾本科植物,所以对草坪草的识别实际上就是对禾本科植物的识别。在生产实践中,有时也会遇到其他单子叶植物,如莎草科的苔草、灯芯草科的灯芯草。因此,在识别草坪草时,首先要将这三个科的植物区别开来。它们的识别要点见表 1-1。

表 1-1　禾本科、莎草科与灯芯草科植物的区别

科名	识别要点	
	叶	茎
禾本科	呈两列对生,有叶舌	中空、半中空或实心;圆柱形或扁平;茎节明显
莎草科	呈三列伸出,无叶舌或退化	三棱形,具髓,茎节不明显
灯芯草科	呈三列伸出,无叶舌或退化	髓质海绵状或具腔室

从植物分类学的角度,禾本科的草坪草主要由早熟禾亚科、画眉草亚科和黍亚科这三个亚科的植物构成。这些植物在外部形态和解剖学上具有差异(表 1-2),可以为我们提供区别鉴定的依据。

表 1-2　禾本科的早熟禾亚科、画眉草亚科、黍亚科形态学和解剖学特征的区别

器官	早熟禾亚科	画眉草亚科	黍亚科
根	长和短的表皮细胞交替存在,只有短细胞长出根毛	所有的表皮细胞相似,每一个都能长出根毛	所有的表皮细胞相似,每一个都能长出根毛
茎	节间中空,被维管束保卫,节间基部没有分生组织隆起,叶鞘基部有隆起	节间实心,髓内分散着维管束,节间基部具分生组织隆起,叶鞘基部有小隆起或无	节间实心,髓内分散着维管束,节间基部具分生组织隆起,叶鞘基部有小隆起或无
叶	具双层维管束鞘,内鞘的细胞小而壁厚,外鞘的细胞大,叶肉组织排列松散,细胞间隙大,没有小纤毛,叶舌膜质	维管束外层具有大细胞,个别植物中内鞘的细胞小而壁厚,叶肉细胞放射状排列于维管束周围,具细小纤毛,叶舌具纤毛边缘	维管束是典型的大细胞单层鞘,叶肉细胞间隙小,具细小纤毛,叶舌膜质
花序	小穗具 1 至多个可孕小花,浆片伸长到达顶部	小穗具 1 至多个可孕小花,浆片小	小穗具 1 至多个可孕小花,下面具 1 个退化小花,浆片大而平截
胚	中胚轴无节间,有外胚层;胚小,约为颖果的 1/5	中胚轴具节间,有外胚层;胚大,约为颖果的 1/2 或更大	中胚轴具节间,有外胚层;胚大,约为颖果的 1/2 或更大
细胞学特征	染色体基数 $X=7$,染色体大	染色体基数 $X=9$ 或 10,染色体小	染色体基数 $X=9$ 或 10,染色体小至中等
植物属	早熟禾属、翦股颖属、羊茅属、黑麦草属、冰草属、碱茅属、梯牧草属、雀麦属、洋狗尾草属	结缕草属、狗牙根属、野牛草属、格兰马草属、画眉草属	假俭草属、地毯草属、雀稗属、钝叶草属、狼尾草属、金须茅属

　　草坪草的鉴定一般借鉴植物分类学上鉴定植物的方法,利用定距检索表或二歧检索表,将草坪草的外部形态相似特征和区别特征列出,进行对比。

　　当我们拿到一株草坪草标本时,首先仔细观察植物的外部形态特征,再依次将所观察到的特征与检索表对比,逐项往下查,在看相对的两项特征时,要看到底哪一项符合你所鉴定的草坪草的特征,顺着符合的一项查下去,直到查出为止。

三、实验材料与用具

(一)实验材料

根据各地栽培的草坪草种类确定。选取各种具有根、茎、叶、花及果实的整株新鲜草坪草标本,或者腊叶草坪草标本。

(二)实验用具

放大镜、直尺、镊子、解剖针、体视显微镜、植物检索表。

四、实验步骤与方法

1.取一整株草坪草,仔细地观察其根、茎、叶、花、果实和种子的形态特征,并做记录。

2.根据本实验所附禾本科草坪草检索表,鉴定所取的草坪草,查出其所属的属名。

五、作业

1.每位同学选择2～3种当地的草坪草,按照根、茎、叶、花、果实、种子的顺序,描述所观察到的草坪草的形态特征,并将其特征填入表1-3中。

2.每位同学选择1～2种当地的草坪草,按植物名称,所属科、属及主要形态学特征写出实验报告。

表1-3　草坪草的形态特征

种类	叶				花序			小穗		颖果		种子		其他
	叶形	叶色	长度/cm	宽度/cm	类型	大小	结构	形状	颜色	形状	颜色	形状	大小	
1														
2														
3														
4														
⋮														

附:草坪草常见属的检索表

1.穗含多数花至1花,大都两侧压扁,通常脱节于颖之上;小穗轴大都延伸至最上小花的内稃之后而呈细柄状或刚毛状。

  2.成熟花的外稃具多数脉至5脉(稀为3脉),或其脉不明显;叶舌通常无纤毛(早熟禾亚科 Pooideae)。

   3.小穗无柄或几无柄,排列成穗状花序。

    4.小穗以背腹面对向穗轴;侧生小穗无第一颖 ………… 黑麦草属 Lolium

    4.小穗以侧面对向穗轴;第一颖存在。

     5.小穗单生于穗轴的各节。

      6.植物体不具根状茎;穗状花序的顶生不孕或退化,其余小穗呈篦齿状排列于穗轴的两侧 ………… 冰草属 Agropyrom

      6.植物体具根状茎;穗状花序的顶生不孕或退化,其余小穗呈覆瓦状排列于穗轴的两侧 ………… 偃麦草属 Elytrigia

     5.小穗常以3枚生于穗轴的各节,小穗含1~2花;穗轴具关节而可逐节断落 ………… 新麦草属 Psathyrostachys

   3.小穗具柄,稀无柄,排列成开展或紧缩的圆锥花序,或近于无柄,形成穗形总状花序,若小穗无柄时,则呈覆瓦状排列于穗轴一侧再形成圆锥花序。

    7.小穗含2至多数花。

     8.外稃通常具7脉或更多;叶鞘闭合;小穗柄长,排列成圆锥花序………… 雀麦属 Bromus

     8.外稃具5(3)脉;叶鞘通常不闭合或仅在基部闭合而边缘互相覆盖。

      9.外稃背部圆形。

       10.外稃顶端钝,具细齿,诸脉平行,不于顶端汇合 ……… 碱茅属 Puccinellia

       10.外稃顶端尖或有芒,诸脉在顶端汇合 ………… 羊茅属 Festuca

      9.外稃背部具脊,外稃脊和边缘有柔毛,基盘常有绵毛 ……… 早熟禾属 Poa

    7.小穗通常仅含1花;外稃具5脉或稀更少。

     11.圆锥花序极紧密,呈穗状圆柱形或矩圆形;小穗两侧极压扁,外稃基盘无毛 ………… 梯牧草属 Phleum

     11.圆锥花序开展或紧缩,但不呈穗状;小穗近背腹压扁,外稃基盘无毛或仅有微毛 ………… 翦股颖属 Agrostis

  2.成熟花的外稃具3或1脉,亦有具5~9脉者,或因外稃质地变硬而脉不明显;叶舌通常有纤毛或为一圈毛所代替(画眉草亚科 Eragrostiosdeae)。

12.小穗含3(2)至多数结实花;小穗单生,有柄,排列成开展或紧缩圆锥花序;小穗轴常作之字形曲折;小穗脱节于颖之上 ························· 画眉草属 Eragrostis

12.小穗仅含1(2)结实花。

13.小穗无柄或近于无柄,排列于穗轴的一侧形成穗状花序,穗状花序再呈指状或总状排列于主轴先端,组成复合花序。

14.花单性,雌雄同株或异株 ························· 野牛草属 Buchloe

14.花两性。

15.穗状花序呈总状排列于延长的主轴上,稀可混有单生;小穗上部有退化的不孕花 ························· 格兰马草属 Bouteloua

15.穗状花序2至数枚呈指状或近于指状排列于主轴先端,小穗两侧压扁,外稃无芒 ························· 狗牙根属 Cynodon

13.小穗具柄,单生于穗轴各节,两侧压扁;总状花序穗形;第一颖缺·········
························· 结缕草属 Zoysia

1.小穗含2花,下部花常不发育而为雄性,甚至退化仅余外稃,则此时小穗仅含1花,背腹压扁或为圆桶形,脱节于颖之下;小穗轴从不延伸于顶端成熟花内稃之后(黍亚科 Panicoideae)。

16.第二花的外稃及内稃通常质地坚韧,比颖厚而无芒。

17.花序中无不育的小枝,其穗轴亦不延伸至最上端小穗之后方。

18.第二外稃的背部为离轴性,即在远轴的一方 ········ 地毯草属 Axonopus

18.第二外稃的背部为向轴性,即在近轴的一方 ········ 雀稗属 Paspalum

17.花序中有不育小枝所形成的刚毛,或其穗轴延伸至最上端的小穗之后而形成1尖头或刚毛。

19.穗轴细长或较短缩,以至仅有花序的主轴;小穗多少排列于穗轴的一侧,穗轴上端以及下方的某些小穗均托以1刚毛;小穗脱落时连同刚毛一起脱落·········
························· 狼尾草属 Pennisetum

19.穗轴宽扁或其中肋仅于着生小穗的一面隆起;小穗显著排列于穗轴的一侧,其下无托附的刚毛;小穗无柄,嵌生于扁平而呈木栓质的穗轴凹穴中,成熟时连同穗轴一起脱落 ························· 钝叶草属 Stenota Phrum

16.第二花的外稃及内稃膜质或透明膜质,比颖薄,于其顶端或顶端裂齿间伸出一芒,也可以无芒。

20.穗轴节间与小穗柄粗短,呈三棱形,圆桶形或较宽扁而顶端膨大,两者互相紧贴;无柄小穗扁平,第一颖表面无蜂窝状的花纹,但其两侧有小刺毛呈栉齿状的

脊;有柄小穗退化仅余一短柄 …………………………………… 假俭草属 *Eremochloa*

　　20.穗轴节间与小穗柄细长,有时其上端变粗;总状花序通常退化成1无柄两性小穗和2有柄不孕小穗;第一颖无小瘤……………………… 金须茅属 *Chrysopogon*

实验二　常见草坪地被植物

一、观赏植物的形态观察与识别 ◆

(一)实验目的与要求

通过对观赏植物根、茎、叶、花、果的一般形态及其变态的观察、解剖,了解植物的外部形态及变态体的来源,掌握不同类型植物花的结构和果实特点。

(二)实验材料

萝卜、甘薯、爬墙虎、凌霄的带叶茎,洋葱的鳞茎,马铃薯的块茎,不同叶形植物的叶子,紫荆、白玉兰、连翘的花,杨柳科植物的花序,各种类型的果实等。

(三)实验用具

体视解剖镜、解剖针、镊子、解剖刀、手持放大镜等。

(四)作业

1.植物的叶分为哪几种类型? 什么是羽状复叶、三出复叶、单身复叶?

2.什么是叶序? 叶序分为哪几类? 举例说明。

3.简述白玉兰、紫荆花的构造。

4.花被、花冠、花萼、雌蕊群、雄蕊群、两性花、单性花的概念是什么?

5.什么是花序? 总状花序、柔荑花序有什么特点? 举例说明。

6.什么是蓇葖果、柑果、梨果、核果、蒴果、翅果? 什么是聚合果、聚花果、单果? 举例说明。

7.块根和块茎有什么区别? 举例说明。

8.观叶植物按照植物叶子的色彩分为哪几类? 举例说明。

9.什么是花相? 花相分为哪几类? 举例说明。

10.按照园林用途西藏观赏植物可以分为哪几类? 举例说明。

11.按照观赏部位观赏植物可以分为哪几类? 举例说明。

12.花卉的配置方式(应用方式)有哪些类型? 举例说明。

二、乔木树种的观察与识别

(一)实验目的与要求

通过对校园、树木园常见乔木树种的观察,掌握常见乔木树种的识别特点、观赏价值、园林用途、生长习性。结合腊叶标本和新鲜标本的实验室解剖观察,了解主要乔木树种的形态特征,利用检索工具学会植物识别的鉴定方法。

(二)实验材料

雪松、云杉、油松、白皮松、侧柏、圆柏、广玉兰、女贞等常绿乔木,银杏、白玉兰、红叶李、七叶树、多种观赏桃树、木瓜、各种梅花、国槐、五角枫等落叶乔木。

(三)实验用具

体视解剖镜、解剖针、镊子、解剖刀、手持放大镜等。

(四)作业

1.区别下列各分类群。

云杉与青扦;油松与白皮松;广玉兰与白玉兰;枇杷与石楠;毛白杨与垂柳;木瓜与贴梗海棠;梅花与樱花;五角枫与三角枫。

2.列举你认识的彩叶植物10种,并阐述其主要识别特征。

3.简述桃树的形态特征。列举你所认识的观赏桃树的主要类型(不少于5种),并简述其识别点。

4.列举你认识的早春开花的乔木10种,简述其观赏特性与园林用途。

5.列举具有下列用途的乔木各10种并简述其形态特征。

行道树;花木;庭荫树;园景树。

6.列举具有下列观赏特点的乔木各10种并简述其形态特征及主要的观赏时间。

观花类;观果类;观叶类;观芽类(5种);观茎类;观根类;观型类。

7.列举不同花色的乔木树种各5种。

8.简述下列观赏乔木的形态特点、观赏价值与园林用途。

雪松;侧柏(包括千头柏、洒金千头柏);圆柏;油松;白皮松;广玉兰;枇杷;女贞;银杏;水杉;毛白杨;垂柳(包括金丝柳);旱柳(包括龙爪柳);榆树;桑树;白玉兰;紫玉兰;飞黄玉兰;红霞玉兰;鹅掌楸;悬铃木;木瓜;海棠;梅花;樱花;合欢;槐树(包括金叶国槐、金枝国槐、龙爪槐);臭椿;苦楝;黄栌;鸡爪槭(包括红枫);五角枫;三角枫;元宝枫;七叶树;全缘叶栾树;梧桐;四照花;毛泡桐;梓树。

三、灌木树种的观察与识别

(一)实验目的与要求

通过对校园、树木园常见观赏灌木树种的观察,掌握其识别特点、观赏价值、园林用途、生长习性等。结合腊叶标本和新鲜标本的实验室解剖观察,了解主要灌木树种的形态特征,利用检索工具学会植物识别的鉴定方法。

(二)实验材料

校园及周边栽培的石楠、火棘、桂花、海桐、牡丹、月季、贴梗海棠、蜡梅、紫丁香、紫叶小檗、红枫、棣棠、小蜡、金叶女贞、连翘、红瑞木、结香等灌木。

(三)实验用具

体视解剖镜、解剖针、镊子、解剖刀、手持放大镜等。

(四)作业

1.灌木的主要应用形式有哪些?

2.列举春、夏、秋、冬不同季节开花的灌木各10种,简述其识别特点。

3.列举红、白、黄、紫等不同花色的灌木各5种。

4.列举10种常绿灌木,简述其识别特点与应用。

5.区别下列各分类群:

月季与玫瑰;牡丹与芍药;连翘与金钟花;紫丁香与桂花。

6.简述牡丹的形态特点及品种分类。

7.简述下列观赏灌木的形态特点、观赏价值与园林用途。

南天竺;火棘;海桐;石楠;构骨;大叶黄杨;茶花;桂花;珊瑚树;牡丹;紫叶小檗;蜡梅;绣线菊;贴梗海棠;榆叶梅;月季;玫瑰;棣棠花;紫荆;木槿;结香;紫薇;迎春花;连翘;紫丁香;小蜡;金叶女贞;杜鹃;锦带花(包括红王子锦带);海仙花;红瑞木。

四、观赏藤本、棕榈类的观察与识别

(一)实验目的与要求

通过对校园、树木园常见观赏藤本、棕榈类的观察,掌握其识别特点、观赏价值、园林用途、生长习性等。结合腊叶标本和新鲜标本的实验室解剖观察,了解主要藤本植物的形态特征,利用检索工具学会植物识别的鉴定方法。

(二)实验材料

校园及周边栽培的紫藤、凌霄、爬墙虎、木香、金银花、棕榈、蒲葵等树木种类。

(三)实验用具

体视解剖镜、解剖针、镊子、解剖刀、手持放大镜等。

(四)作业

1.简述藤本植物的主要应用形式。

2.紫藤与凌霄在形态上有何区别?

3.简述下列观赏藤本植物(或棕榈类)的形态特点、观赏价值与园林用途。

棕榈;紫藤;爬墙虎;凌霄;银屏藤;叶子花。

五、一、二年生花卉的观察与识别 ◆

(一)实验目的与要求

通过对校园、树木园常见一、二年生花卉植物的观察,掌握其主要识别特点、观赏价值、园林用途、生长习性等。

(二)实验材料

校园及周边栽培的地肤、鸡冠花、千日红、飞燕草、花菱草、虞美人、羽衣甘蓝、凤仙花、三色堇、一串红、矮牵牛、金盏菊、万寿菊等一、二年生花卉植物。

(三)实验用具

体视解剖镜、解剖针、镊子、解剖刀、手持放大镜等。

(四)作业

1.简述下列花卉的形态特征、观赏特性与用途。

三色堇;鸡冠花;花菱草;虞美人;羽衣甘蓝;矮牵牛;一串红;金盏菊;万寿菊;地肤;千日红;飞燕草;金莲花;香豌豆;凤仙花;美女樱;观赏辣椒;波斯菊;麦秆菊。

2.区别花菱草与虞美人、金盏菊与万寿菊。

3.解释一、二年生花卉的概念。

六、宿根花卉的观察与识别 ◆

(一)实验目的与要求

通过对校园及城市中的花坛、花境、花池内常见多年生露天花卉植物的观察,掌握其主要识别特点、观赏价值、园林用途、生长习性等。

(二)实验材料

校园及城区栽培的菊花、芍药、鸢尾、石竹、玉簪、火炬花、金鸡菊等宿根花卉。

(三)实验用具

体视解剖镜、解剖针、镊子、解剖刀、手持放大镜等。

(四)作业

1.简述菊花品种的分类(依花型、瓣型分类)。

2.简述下列花卉的形态特征、观赏特性与用途。

石竹;雏菊;金鸡菊;荷包牡丹;蜀葵;玉簪;紫萼;火炬花;鸢尾;芍药。

3.解释宿根花卉的概念。

七、球根花卉的观察与识别

(一)实验目的与要求

通过对校园及城市中的花坛、花境、花池内常见多年生球根花卉植物的观察,掌握其主要识别特点、观赏价值、用途、生长习性等。

(二)实验材料

校园及城区栽培的大丽花、美人蕉、郁金香、百合、水仙、唐菖蒲等球根花卉。

(三)实验用具

体视解剖镜、解剖针、镊子、解剖刀、手持放大镜等。

(四)作业

1.解释球根花卉的概念。

2.简述美人蕉、大丽花、中国水仙、郁金香、风信子、石蒜、葱兰、百合等球根花卉的形态特征、观赏特性与用途。

八、水生类、仙人掌类及草坪与地被植物的观察与识别

(一)实验目的与要求

通过对校园及城市中的花坛、花境、花池内常见水生类、仙人掌类花卉及草坪植物的观察,掌握其主要识别特点、观赏价值、用途、生长习性等。

(二)实验材料

校园及城区栽培的荷花、睡莲等水生观赏植物,昙花、令箭荷花、金琥等仙人掌

类植物,大花萱草等地被植物。

(三)实验用具

体视解剖镜、解剖针、镊子、解剖刀、手持放大镜等。

(四)作业

1.简述水生观赏植物的概念与分类。

2.荷花、睡莲属于哪类水生植物?其形态区别有哪些?

3.简述昙花、令箭荷花、金琥等仙人掌类植物的识别要点。

4.简述下列草坪地被植物的形态识别特征与用途。

大花萱草;紫露草;酢浆草;白三叶;麦冬;金叶过路黄;马蹄金;黑麦草;早熟禾;高羊茅;匍匐翦股颖。

5.简述下列水生植物的形态特点。

荷花;水生鸢尾;水葱;芦苇;香蒲。

实验三　草坪草种子的识别与品质检验

一、实验目的

　　草坪草种子是建植草坪最重要的基础材料。草坪草种子的数量与品质好坏直接影响草坪建植的规模、速度、质量和效果。草坪草种子由于个体细小,形态上彼此相似,如不进行仔细观察,掌握其特征,就不能正确选择播种对象,给草坪建植带来混乱甚至造成损失。同时为了保证使用优良的种子,应特别重视种子品质检验。所谓种子品质检验是指按国家颁布的《牧草种子检验规程》和国际种子检验协会的《种子检验规程》的规定,使用各种科学仪器和感官的办法,对种子进行检验和测定,以评定种子的品质。在播前应检验种子的纯净度、发芽势、发芽率、千粒重、生活力,并算出种子的用价,最后确定实际播种量。

　　因此,学会种子鉴定方法,熟悉和识别不同属、种草坪草种子的形态特征,对于草坪建植者正确选择播种材料以及草坪草种子的调运、贮藏等均具重要的意义。

　　通过这次实验使同学们学会鉴定草坪草种子的方法,掌握主要草坪草种子的形态特征及彼此的基本区别,了解种子取样的步骤与方法,熟悉播种材料的几种重要品质的检验方法,掌握播种量的计算方法。为今后进行草坪建植和科学研究奠定基础。

二、实验原理

　　草坪草种子种类多,且种子形态各式各样。种子的外部形态是鉴定各种草坪草种子的真实性以及进行草坪草种子清选、分级和检验的重要依据。草坪草种子种皮、果皮或其包被的附属物具有各种复杂的特征,如不同的颜色和斑纹,凹凸形状的沟、脊及表面的刺、突起、翅、毛等,是识别种子的重要依据。利用草坪草种子本身的差异进行识别和鉴定。

　　草坪草种子检验是运用科学的方法,对草坪建植使用的草坪草种子质量进行检测、鉴定和分析,确定其使用价值。草坪草种子检验贯穿于种子生产、加工、贮藏、运输、销售和使用的全过程。草坪草种子质量是一个综合概念,是由不同的特征综合而成的,包括种子纯净度、发芽势、发芽率、千粒重、生活力、含水量等内容。草坪草种子是有生命的生物产品,其质量检验不同于无生命的物质那样能准确地加以鉴定。因此,对草坪草种子采用的检验方法应要求具有较高的准确度和重演性。

三、实验材料与用具

(一)实验材料

各种草坪草种子。

(二)实验用具

放大镜、白纸板、镊子、三角板、扦样器、分样器、谷物扩大检查器、电子天平或机械天平、直尺、培养皿或发芽箱、滤纸和细沙、数粒器等。

四、实验步骤与方法

(一)种子识别

根据已学习掌握的植物学、植物分类学知识和以下步骤进行草坪草种子识别。

1. 根据种子的外部形态特征识别种子。

(1)形状和大小:观察种子时将种脐朝下(禾本科、豆科等),具有种脐的一端称为基端,反之称为上端或顶端。但豆科种子的种脐多在腰部,遇到这类种子有两种做法:一是仍坚持种脐朝下,这样做的结果,常使种子长小于宽;二是胚根尖朝下,其种脐多在种子的下半部,甚至基部,少数在种子的对面。种子上下端的确定,决定着种子的形状,否则会出现上下颠倒、卵形和倒卵形不分的混乱现象。

测量种子大小,即长、宽、厚。所谓长即上下端之间的纵轴的长度,与纵轴相垂直的为宽或厚。方法为取供识别草种10粒,置于实验台或谷物扩大检查器,横面相接,量其总长后平均为其宽度,再纵端相接,量其总长后平均得其长度。

(2)种脐位置和形状:在鉴定种子中种脐是十分重要的,尤其是豆科。如种脐的位置可分在中部、中部偏上或中部偏下三类。种脐可分圆形、椭圆形、卵形、长圆形或线形。

(3)种子表面特点:包括颜色,光滑或粗糙,是否有光泽。所谓粗糙,是由皱、瘤、凹、凸、棱、肋、脉或网状等引起的。瘤顶可分尖、圆、膨大,周围有否刻蚀。瘤有颗粒状、疣状(宽大于高)、棒状、乳头状以及横卧棒状和覆瓦状。网状纹有正网状纹和负网状纹,一个网纹分网脊(网壁)和网眼。半个网脊和网眼称网胞,网眼有深浅,有不同形状。

(4)种子附属物:包括翅、刺、毛、芒、冠毛。翅与种体的比例如何,是裸子植物分属、分种的基本特点。可分翅包围种体一周,翅仅在种子顶端,或下延到种子中部甚至中部以下。芒着生的位置,在稃尖或稃脊的中部,芒是挺直、扭曲还是有关节的等。禾本科基刺的有无、数目、长短、形状等。

2.根据种子内部结构识别种子。若单纯依靠形态特征鉴定到种有困难时,辅以内部结构就有效得多。种子的内部结构对确定一个属或科起着决定性的作用。目前主要有两种方法,一是以胚的位置、形状、大小等差异来分类;另一种是以种皮横切面的细胞结构不同为分类依据。

3.根据化学方法识别种子。

(1)酚法:用酚溶液染色,不同种子呈现不同颜色。酚法可分辨禾本科等草坪草种子。

(2)重铬酸钾法:把冰草属相似种的种子放在1‰重铬酸钾试剂里,煮沸5 min,冷却后用水轻洗后,把种子置于有滤纸的培养器里,结果蓝茎冰草染成黑色,匍匐冰草染成暗褐色。

4.根据物理方法——荧光法识别草坪草种子。荧光法能够有效地区别"短命"或"长命"植物。具荧光反应(多叶、具芒)可归为"短命"类的黑麦草,而多年生黑麦草无荧光反应。

(二)品质检验

1.取样。

(1)抽取原始样品:根据种子存放方式和数量决定取样的方法和数量。

①袋装种子:凡同一检验单位的材料在3袋以下者每袋皆取。4～30袋者扦取其中之3袋。31～50袋者,扦取其中5袋。51～100袋者扦取其中10%。取样重量:每袋取200～500 g,100袋以下者,共约取3 kg,101～400袋者,共约取4 kg,最低不得少于1 kg。

②堆放种子:按种子堆放面积分区设点,每区按5点取样(四角及中心),每点再分层取样。堆层高度在2 m以下者,取上下两层,2 m及以上者分上、中、下三层取样。堆放面积500 m² 以上者,每区应小于100 m²;堆放面积在100～500 m² 者,每区不超过50 m²。用扦样器逐点逐层选取一定数量样品。

(2)分取平均样品:平均样品是从上述样品中抽取其中一部分供实验室分析之用。

①分样器分样:用专用的分样器分样。将全部样品混合后,通过分样器分成二

等份,去其一份,将另一份连续分样到所需数量为止。分样器只适用于大量的原始样品中分取平均样品,样品少于 50 g 一般不使用此法分样。

②十字分样法(四分法,对角线分样法):将样品倒在平滑的桌面或玻璃板上,然后用分样板将样品均匀搅拌,堆成厚 1~2 cm 的正方形或圆形(大粒种子堆的高度为 5 cm),再用分样板按对角线分为四等份,将相对的两份种子除去,然后将剩下的两份种子混在一起,再用原法搅拌分样,直到最后所需的数量时为止。如原始样品少或与平均样品数量差不多时,原始样品也就成了平均样品,就不再组成平均样品了。平均样品的重量:禾本科草坪草大粒种子 51~150 g,小粒种子 20~50 g;豆科草坪草大粒种子 200~500 g,小粒种子 20~50 g。

(3)取供试样品:供试样品是从平均样品中分出一定数量的种子供直接分析检验各个项目的样品。一般为 10~50 g,用四分法取样或从平均样品中称取。取样必须具有代表性,组成样品时必须是同一品种、同一年收获、同一繁殖单位和同一来源。此外,样点分布均匀,在各样点上所取样品数量应力求一致。

2.净度的测定。净度是指种子的洁净程度。种子净度是衡量种子品质的一项重要指标,净度测定的目的就是检验种子有无杂质,能否用作播种材料,为材料的利用价值提供依据。其测定方法如下:

(1)分取试样:将平均样品用对角线分样法分取。测净度样品的最低重量:大粒种子禾本科 10~20 g,豆科 10~30 g;小粒种子禾本科 5~7 g,豆科 2~5 g。

(2)剔除杂质、废种:凡是夹杂在种子中的杂质以及不能当作播种材料用的废烂种子都要一一除去。杂质是指土块、沙石、昆虫粪便、秸秆及杂草种子。废烂种子是指无种胚种子,压碎、压扁种子,腐烂种子,已发芽的种子以及小于正常种子 1/2 的瘦小种子等。

(3)称重与计算:将上述试样重量记录下来,再称其杂质、废烂种子重量,按下式计算:

$$种子净度 = \frac{试样重量 - 杂质重量}{试样重量} \times 100\%$$

为了求得正确的种子净度,应进行 2 次重复,2 次平均数即为该批种子的净度。

3.种子发芽势、发芽率的测定。种子发芽力是指种子在适宜条件下能发芽并能长出正常种苗的能力,通常用发芽势和发芽率表示。发芽率高表示有生命的种子多,而发芽势高则表示种子生命力强,种子发芽出苗整齐一致。

种子发芽能力的高低,是种子播种质量好坏的重要指标,其测定方法如下:

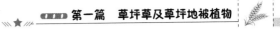

(1)实验室发芽法:应用这一方法应有一定的实验室条件,要准备一套发芽皿(沙子、滤纸)和恒温箱,发芽前准备好发芽床。发芽床的选择应根据种粒大小和吸水情况而定,一般小粒种子适用滤纸发芽床,大粒可采用沙石上面铺一层滤纸的混合发芽床(沙粒大小要一致,并且要洗净)。发芽床准备好后,给发芽床加入适量清水,将选好的供试种子均匀地放在发芽床上,排列时粒与粒之间至少保持与种子同样大小的距离,不能相互接触,以免病原菌或霉菌的传染。排好后在发芽皿上贴上标签,注明品种、样品号码、重复次数和发芽日期,最后放入发芽箱内进行发芽。发芽时的温度因草坪草品种而异,按发芽试验技术规定要求而定。在发芽期间每天检查温度和湿度3次(早、中、晚),注意千万不能使发芽床干涸,每天也要通风1~2 min。种子开始发芽后,每日定时检查,记载发芽种子数,把已发芽的种子取出。发芽标准应力求一致,一般豆科植物要有正常的、比种子本身长的幼根,且最少要有一个子叶与幼根连接。禾本科草坪草种子发芽标准须达到幼根长于种子长,幼芽长到种子长的一半,才能列为发芽种子。凡是幼芽或幼根残缺、畸形或腐烂的,幼根萎缩的均不算发芽。

(2)发芽势、发芽率的计算:每种草坪草种子的发芽势、发芽率的计算天数不一,按草坪草种子发芽试验技术规定的天数计算。发芽势、发芽率以4次重复的平均数表示。

$$发芽势=\frac{发芽初期(规定日期内)正常发芽种子数}{供检种子数}\times100\%$$

$$发芽率=\frac{发芽终期(规定日期内)全部正常发芽种子数}{供检种子数}\times100\%$$

(3)种子用价及实际播种量的计算:一般,播种量是根据播种密度和种子千粒重来计算的,未考虑所用种子是否每粒都能发芽,是否洁净,即未考虑种子的实际用价,而按假定种子用价为100%求得的。种子用价是指种子样品中真正有利用价值、能够正常发芽的种子数量占供检样品的百分率。显然种子用价不同,其实际播种量也应该不同,因此应根据所测种子用价来计算实际播种量。

$$种子用价=种子净度\times种子发芽率$$

$$实际播种量=\frac{假定种子用价\times规定播种量}{实际种子用价}$$

4.种子千粒重的测定。种子千粒重是指干种子的千粒重量(以克为单位)。种子千粒重是播种材料品质的一项重要指标。测定方法如下:先将测过纯净度的干种子充分混合,随意连续地取出二份试样,然后数种子,每份100粒。为了避免差错,5粒一堆,数满100粒并成一大堆。最后称重,精确度为0.01 g。用两份试样平均重量计算千粒重。测出千粒重后,可将千粒重换算成每千克种子粒数。

五、作业

1.观察比较供试草坪草种子的外形、颜色,并量其大小(长、宽、厚),将结果记入表1-4和表1-5内。

2.观察供试禾本科草坪草种子内、外稃形状,芒的有无、长短,有无扭曲及基刺;豆科种子种脐的位置、形状、颜色。将结果记入表格。

3.用铅笔按一定比例绘出供试草坪草种子外形图。

4.每位同学做两种草坪草种子的纯净度、发芽率(势)和千粒重试验,并计算种子用价。

表1-4 禾本科草坪草种子主要的识别特征

草坪种子	种子大小/mm	千粒重/g	形态	穗轴	芒	颖片颜色
1						
2						
3						
4						
5						
6						
⋮						

表1-5 豆科及其他草坪草种子的识别特征

草坪种子	种子大小/mm	千粒重/g	形态	穗轴	芒	颖片颜色
1						
2						
3						
4						
5						
6						
⋮						

实验四 草坪幼苗识别

一、实验目的

植物分类学家主要依据植物的果实和花序把植物划分为不同的科、属、种。而草坪频繁地低茬修剪,加之高水平的管理,使草坪草始终处于旺盛的营养生长状态,很难利用植物分类学的方法进行鉴定与识别。

因此,学会识别与鉴定营养期草坪草,对于草坪的建植与管理、草坪杂草的及时清除等均具有重要意义。本实验的目的在于识别主要草坪草的幼苗,使学生掌握草坪草营养期的一些主要植物学特征,进而识别一些主要草坪草,为草坪管理与科学研究奠定基础。

二、实验原理

在草坪建植中,我们看到的草坪草基本上都处于营养生长状态,虽然增加了识别的难度,但是,不同的草坪草的主要营养器官,尤其是叶片,还是具有较大差异的,这就为我们识别营养期的草坪草提供了方便。在草坪生产中,识别营养期草坪草的常用器官有:幼叶卷叠方式、叶舌、叶鞘、叶耳、叶颈和叶片等。我们可以通过识别这些器官的着生方式、质地、大小和形状的变化等来认识与区别不同的草坪草(表1-6)。

表 1-6 草坪草各器官的形态术语及代表植物

器官	定义	特征		代表植物
幼叶卷叠方式	指幼叶在叶鞘里的排列方式	卷旋式	横断面一层层卷成同心圆	一年生黑麦草、苇状羊茅、野牛草、巴哈雀稗、匍匐翦股颖、结缕草、细叶结缕草、小糠草、猫尾草
		折叠式	两叶相对,叶对折截面为V形,大叶包小叶	草地早熟禾、加拿大早熟禾、狗牙根、钝叶草、假俭草、多年生黑麦草、匍匐紫羊茅、地毯草、狗尾草

续表 1-6

器官	定义	特征		代表植物
叶舌	叶子近轴面;叶片和叶鞘相接处的突出物	类型	膜质:半透明和透明	匍匐翦股颖、假俭草、小糠草、巴哈雀稗、多年生黑麦草、草地早熟禾、草地羊茅、加拿大早熟禾、羊茅、匍匐紫羊茅、苇状羊茅、无芒雀麦、猫尾草、冰草、碱茅
			丝状:状似头发	狗牙根、结缕草、钝叶草、野牛草、格兰马草、地毯草、狼尾草
			无	个别种,如稗子
		形状	截形:于顶端似剪断之平齐	细毛翦股颖、匍匐紫羊茅、苇状羊茅、草地羊茅、草地早熟禾、加拿大早熟禾、巴哈雀稗
			圆形	羊茅、一年生黑麦草、匍匐翦股颖、小糠草
			渐尖或锐尖	普通早熟禾、一年生早熟禾、猫尾草、绒毛翦股颖
		边缘	缘毛型	冰草、假俭草
			全缘型	羊茅、多年生黑麦草
			缺刻型或锯齿型	普通早熟禾、猫尾草
叶鞘	叶下部卷曲成圆柱状包围茎秆的部分	闭合形	边缘密封,卷成圆筒形	无芒雀麦、钝叶草、地毯草
		开裂形	边缘开裂,上部尤为明显	野牛草、草地早熟禾
		叠瓦形	开裂的边缘一个边压另一个边	多年生黑麦草、一年生黑麦草、细叶结缕草、沟叶结缕草、假俭草

续表1-6

器官	定义	特征		代表植物
叶耳	叶片与叶鞘相接连处两侧边缘下延的附属物	无叶耳	叶耳完全退化	匍匐翦股颖、匍匐紫羊茅、草地早熟禾、钝叶草、巴哈雀稗、野牛草、假俭草、狗牙根、结缕草、小糠草、地毯草、猫尾草、格兰马草
		有叶耳	有细长的爪状,也有仅留一点的退化痕迹	一年生黑麦草、多年生黑麦草、苇状羊茅、草地羊茅、冰草
叶颈	结构和外观均与叶片和叶鞘不一样的组织,是位于叶片和叶鞘之间起连接作用的带状部分	阔条型	宽带状,连续	猫尾草、格兰马草、野牛草、钝叶草、结缕草、一年生黑麦草、猫尾草、草地羊茅
		间断型	宽带状,中间间断,似二梯形	草地早熟禾、苇状羊茅、多年生黑麦草、无芒雀麦、小糠草、冰草
		窄条型	细带状,连续	狗牙根、地毯草、匍匐紫羊茅
叶片	叶鞘以上叶子的伸展部分	叶尖	船形:卷成小牛角形	草地早熟禾、加拿大早熟禾、普通早熟禾、一年生早熟禾
			钝形、圆形或圆锥形;叶尖渐尖,圆锥形比钝形或圆形稍尖	假俭草、钝叶草、地毯草
			披针形(锐形):叶尖很尖	紫羊茅、结缕草、细叶结缕草
		横截面	扁平形:叶片平坦、截面呈一线形	狗牙根、匍匐翦股颖、钝叶草、绒毛翦股颖、小糠草、猫尾草、冰草、野牛草、格兰马草、假俭草、狼尾草、沟叶结缕草、结缕草、多年生黑麦草、一年生黑麦草
			折叠形:叶比V形卷得更紧	巴哈雀稗
			糙面形:叶片折叠,正面不平坦,截面不规则	紫羊茅、羊茅
			V形:叶对折,截面呈V形	草地早熟禾、加拿大早熟禾、一年生早熟禾

续表1-6

器官	定义	特征		代表植物
叶片	叶鞘以上叶子的伸展部分	表面质地	细致、中等细致	匍匐翦股颖、细弱翦股颖、绒毛翦股颖、小糠草、草地早熟禾、多年生黑麦草、一年生黑麦草、狗牙根、杂交狗牙根、结缕草、沟叶结缕草、细叶结缕草、紫羊茅、硬羊茅、野牛草
			粗糙	假俭草、巴哈雀稗、苇状羊茅、羊茅、钝叶草、地毯草
根		须根		禾本科草坪草、莎草科草坪草
		主根		白三叶、小冠花、三色苋
花序	草坪草开花部位，根据花序主轴上小花穗的排列方式可基本上分为四种类型	总状花序	花有花梗，排列在一不分枝且较长的花序轴上	结缕草、中华结缕草、大穗结缕草、沟叶结缕草、细叶结缕草、巴哈雀稗、钝叶草、假俭草、两耳草、野牛草、地毯草
		圆锥花序	花序轴上有多个总状或穗状花序，形似圆锥。圆锥花序分开展和紧缩圆锥花序（外形似粗柱状）	开展的：草地早熟禾、苇状羊茅、草地羊茅、紫羊茅、细弱翦股颖、绒毛翦股颖、小糠草、无芒雀麦、碱茅、匍匐翦股颖、匍匐紫羊茅 紧缩的：猫尾草、竹节草
		穗状花序	和总状花序相似而紧缩，各花无梗	多年生黑麦草、一年生黑麦草、冰草、狗牙根、格兰马草、狼尾草、细叶结缕草、白颖苔草
		头状花序	花无梗，集于一平坦或隆起的总花托上而成一头状体	野牛草（雌花序）、白三叶
生长习性	生长习性不仅指侧枝的形成方式，也指枝条的生长方向	匍匐型	茎在地上匍匐扩展	匍匐翦股颖、野牛草、地毯草、钝叶草、白三叶
		根状茎	在地下有横走的茎	草地早熟禾、无芒雀麦、白颖苔草、大穗结缕草、结缕草、沟叶结缕草

续表 1-6

器官	定义	特征		代表植物
生长习性	生长习性不仅指侧枝的形成方式,也指枝条的生长方向	丛生型	靠从茎基分蘖形成一丛	羊茅、紫羊茅、硬羊茅、苇状羊茅、多年生黑麦草、一年生黑麦草、绒毛翦股颖、普通早熟禾、猫尾草
		根状茎-匍匐型	既有地上匍匐的茎,又有地下横走的茎	狗牙根、竹节草、双穗雀稗

三、实验材料与用具

(一)实验材料

新鲜草坪草。

(二)实验用具

采集杖、铅笔、标签、剪刀、放大镜、直尺、镊子、解剖针、体视显微镜。

四、实验步骤与方法

草坪草幼苗的识别:一般根据它们的器官特征,用肉眼观察,在必要情况下借助尺子或放大镜、检索表等进行鉴定。

五、作业

2~3 名同学一组,采集试验地内几种草坪草,根据草坪草检索表,检索其种名,鉴别出不同草坪草的幼苗和株数,并完成实验报告。

附:常见禾本科草坪草检索表

1.叶在芽内折叠。

2.有叶耳,小或长爪状;叶舌膜质;叶脉显著;叶片下面有光泽,表面暗绿色,宽 2~5 cm,丛生型 ……………………………………… 黑麦草 *Lolium Perenne*

2.无叶耳。

3.有匍匐茎。

4.叶片窄,在叶片基部形成一个叶鞘,叶鞘显著紧缩。

5.叶舌为一圈短毛,叶片宽4~10 mm,尖端钝圆或圆形,叶颈光滑无毛……

················· 钝叶草 *Stenotaphrum helferi*

5.叶舌膜质,顶端有短的缘毛,叶颈有毛;叶片长3~5 mm,近基部边缘有毛

················· 假俭草 *Eremochloa ophiurodies*

4.叶片基部不紧缩,叶鞘紧缩。

6.叶舌呈一圈毛状;叶颈窄,稍有毛,叶片和叶鞘光滑或稍有毛。

7.叶片宽1.5~4 mm;有匍匐茎或根状茎,叶端渐尖 ················

················· 狗牙根 *Cynoton dactylon*

7.叶片宽4~10 mm,顶端钝或圆形;无根状茎,节上有毛 ················

················· 类地毯草 *Axonnpus affinis*

6.叶舌很短,膜状;叶片宽4~8 mm,近基部稍有毛;匍匐枝和根状茎短而粗

················· 百喜草(巴哈雀稗)*Paspalum notatum*

3.无匍匐茎。

8.叶片窄,卷旋,被短毛,表面叶脉显著。

9.有根状茎,秆基部红色;叶舌膜质,较短,叶片光滑 ················

················· 紫羊茅 *Festuca rubra*

9.无根状茎。

10.叶蓝绿色,宽0.5~1.5 mm;秆绿色或基部粉红色,叶舌膜质,极短,叶鞘
开裂 ················· 羊茅 *Festuca ovina*

10.叶亮绿色,宽1~2.5 mm;秆基部红色,叶鞘闭合几乎达到顶端…………

················· 紫羊茅(丛生型)*Festuca rubra*

8.叶片扁平到对折成V形,叶脉不显著。

11.叶片有船形的尖端,中脉两侧有半透明的线(对光可见)。

12.无根状茎。

13.叶片通常亮绿色,叶鞘光滑,基部白色,叶舌膜质,长而尖,通常有孕穗 …

················· 早熟禾 *Poa annua*

13.有细匍匐枝,叶鞘粗糙不平,叶舌膜质,长而尖 ················

················· 普通早熟禾 *Poa trivialis*

12.有根状茎。

14.叶片尖端渐细到船形,叶鞘明显紧缩,叶舌膜状,较短 ················

················· 加拿大早熟禾 *Poa compressa*

14.叶片不渐尖,整片叶子同宽,叶鞘不显著紧缩,叶舌极短,膜质 ················

················· 草地早熟禾 *Poa pratensis*

11. 叶片无船形的尖端；中脉两侧无半透明的线,通常匍匐生长……………………

　　　　　　　　　　　　　　　　　　蟋蟀草 *Eleusine indica*

1. 叶在芽内卷旋。

15. 有叶耳。

16. 叶鞘基部红色,叶片背面有光泽。

17. 叶耳通常无毛 ……………………… 草地羊茅 *Festuca elatior*

17. 叶耳和叶颈有少数短毛,叶耳很小 ……… 苇状羊茅 *Festuca arundinacea*

16. 叶鞘基部非红色,叶片背面无光泽。

18. 有根状茎,健壮,叶耳长钩状 ……… 冰草(匍匐型) *Ayropyron cristatum*

18. 无根状茎,叶耳长爪状 ……… 冰草 *Ayropyron cristatum*

15. 无叶耳。

19. 叶鞘圆形。

20. 叶颈稍有毛。

21. 叶鞘无毛。

22. 有匍匐枝,茁壮。

23. 叶颈有长毛,叶舌有穗状毛,叶片宽 2～5 mm,具根状茎 …………………

　　　　　　　　　　　　　　　　　　结缕草 *Zoysia japonica*

23. 叶颈毛稀疏,叶片宽 2～3 mm ………… 沟叶结缕草 *Zoysia matrella*

22. 无匍匐枝,根状茎弱,叶颈有长毛,叶宽 1～2 mm ……………………

　　　　　　　　　　　　　　　　　　格兰马草 *Bouteloua gracilis*

21. 叶鞘有毛,无根状茎 ……………… 旱雀麦草 *Bromus*

20. 叶颈无毛。

24. 叶舌具细柔毛,叶颈广阔。

25. 有根状茎,叶片光滑 ……………… 细叶结缕草 *Zoysia tenuifolia*

25. 无根状茎,有匍匐枝,叶片有毛,宽 1～3 mm,灰绿色 ……………………

　　　　　　　　　　　　　　　　　　野牛草 *Buchloe dactyloides*

24. 叶舌膜质,叶颈窄。

26. 叶鞘闭合,几达顶端,叶片宽 8～12 mm,光滑 ……………………

　　　　　　　　　　　　　　　　　　无芒雀麦 *Bromus inermis*

26. 叶鞘开裂,边缘叠盖,叶舌尖,叶表面具显著脉纹。

27. 匍匐枝无或弱。

28. 叶片宽 3～7 mm,叶舌长 ……………… 小糠草 *Agrostis gigantea*

28. 叶片宽 1～3 mm,叶舌中等短 ……… 细毛翦股颖 *Agrostis tenuis*

27. 葡匐枝茁壮。

29. 叶片宽 1 mm,叶舌较短 ··········· 绒毛翦股颖 *Agrostis canina*

29. 叶片宽 2~3 cm,叶舌较长,葡匐茎长 ·····························

················· 葡匐翦股颖 *Agrostis stolonifera*

19. 叶鞘背部压扁成脊;叶舌很短,膜质,叶片宽 3~8 mm,根状茎和葡匐枝短而粗 ··········· 百喜草(巴哈雀稗)*Paspalum notatum*

实验五　植物物候期观测

一、实验目的与要求

通过本次实验掌握植物物候观测的基本方法,学习运用物候观测资料和环境资料分析植物的生长发育与环境之间的相互关系的基本方法。

二、实验材料与用具

(一)实验材料

根据研究的目的选择所观测的植物种类。

(二)实验用具

海拔仪、经纬仪、地图、皮尺、卷尺、坡度计、pH 试纸、物候观测登记表、标本采集工具等。

三、实验步骤与方法

本实验(实习)选在户外进行。由2~3名学生组成一组,对已知群落的优势种或者所感兴趣的植物进行观测。实验(实习)往往持续几个月甚至数年时间。

(一)观测植物和观测地点的选择

1.观测植物的选择。观测植物的选择,要有广泛的代表性。若欲取得等物候线的资料,则所观测的植物要有分布的广泛性。群落中物候观测的对象可以是优势种,也可以是所有的植物种。在观测时,应选择生长发育正常并已开花结实的植株作为观测植物。观测植物选择好以后,应做好标记,并填写观测植物登记表[包括观测地行政位置,经、纬度,海拔高度,植物种名,年龄,高度,胸径(树木),盖度(或冠幅),着生地地形,环境特点和土壤特性等等]。

2.观测地点的选择。如果研究目的是服从群落分析的需要,则需依据群落类型设立一定面积的永久样地(方),并按照取样规则确立一定数量的观测植物。

(二)观测日期的确定

观测日期随样地(方)研究而定,而研究样地则按统一规定的观测日期进行。一般营养观测的次数可小些,3 d左右观测一次;而在开花期和结实期观测次数可多些,最好每天观测一次。每天观测的时间在中午或下午为宜。如果为同一个目的同时在多个地点进行观测时,观测日期必须相同。

(三)物候观测指标的确定

物候观测应按照统一的指标(物候期)进行。植物的物候期大体上包括:Ⅰ幼苗;Ⅱ营养期(禾草的分蘖,叶簇和枝条的形成,抽茎和分枝、出叶等);Ⅲ孕蕾期;Ⅳ开花期;Ⅴ结果期;Ⅵ果熟期;Ⅶ下种期(成熟的果实、种子、孢子和其他繁殖体脱离母体);Ⅷ果后营养期。在实际当中,还可根据研究目的及所观测的对象不同,进行必要的调整。

对于木本植物,所观测的物候期主要是:Ⅰ萌动期(1.叶芽开始膨大期;2.叶芽开放期;3. 花芽开始膨大期;4.花芽开放期);Ⅱ展叶期(1.开始展叶期;2.展叶盛期);Ⅲ开花期(1.花蕾或花序出现期;2.开花始;3.开花盛期;4.开花末期;5.第二次开花期);Ⅳ果实或种子成熟期(1.果实或种子成熟期;2.果实或种子脱落开始期;3.果实或种子脱落末期);Ⅴ新梢生长期(1.一次梢开始生长期;2.一次梢停止生长期;3.二次梢开始生长期;4.二次梢停止生长期;5.三次梢开始生长期;6.三次梢停止生长期);Ⅵ叶变色期(1.秋季或冬季叶开始变色期;2.秋季或冬季叶完全变色期);Ⅶ落叶期(1.落叶开始期;2.落叶末期)。有的树木在萌动期前还存在一个树液流动开始期,对于这些植物的树液流动开始期也属于观测内容。

对于草本植物,所观测的物候期主要是:Ⅰ萌动期(1.地下芽出土期;2.地上芽变绿期);Ⅱ展叶期(1.开始展叶期;2.展叶盛期);Ⅲ开花期(1.花蕾或花序出现期;2.开花始期;3.开花盛期;4.开花末期;5.第二次开花期);Ⅳ果实或种子成熟期(1.果实或种子开始成熟期;2.果实或种子全熟期;3.果实脱落期;4.种子散布期);Ⅴ枯黄期(1.开始枯黄期;2.普遍枯黄期;3.全部枯黄期)。

对于蕨类植物而言,主要是指其无性世代的物候期,大致可分为:1.叶的出现(圈叶);2.全叶完全伸展;3.孢子囊的出现;4.孢子成熟(孢子囊颜色变深,震动时有孢子散落);5.死亡期或休眠期(地上营养部分干枯)。各观测指标的把握尺度,可参照《中国生态系统研究网络观测与分析标准方法》中有关部分的观测标准,由老师在实验(实习)前统一准备、发放到各观测小组。

(四)观测与记录

物候观测对象的种类和数量可能很多,但均可根据不同的生活型(乔木、灌木、草本等)分别详细记录在不同表格(参考表1-7)上。必须在观测时随看随记,不要凭记忆事后补记。如遇到高大乔木肉眼难辨时,可借助望远镜,必要时用高枝剪切取相关部位进行观察。由于个人对各物候期的理解和把握程度不一,因此在物候描述时文字要力求精练、规范,并最好附有标准图,以利于观测范围内各地的观测者掌握并取得统一标准。这样的物候观测资料如持之以恒则是颇有科学价值的。

　　对于一项完整的研究,为阐明在不同环境条件下物候期更替的差异,必须同时对其他环境条件加以并行观测,例如小气候、土壤化学成分与水分,以及植物本身的生理过程如蒸腾、光合、呼吸作用等。同时还需采集不同物候期的标本等。

表1-7　园林植物物候期观察记录表

编号：　　　　　　　　　　　　　　　　　　　　　　　　　　　记录人员：

树种名称			地点		
生长环境条件					
叶芽	芽萌动期		叶芽形态简单描述		
	开放期				
叶	展叶期		叶片着生方式	对生（　）互生（　）轮生（　）簇生（　）	
	叶幕出现期		叶形	单叶（　）复叶（　）	
	叶片生长期		叶形		
	叶片变色期		新叶颜色		
	落叶期		秋叶颜色		
枝	新梢开始生长		枝条颜色		
	新梢停止生长		枝条形态	直枝（　）曲枝（　）龙游（　）下垂（　）其他（　）	
	二次生长开始				
	二次生长停止				
	枝条成熟期				

续表 1-7

	花序露出期		花色			
花芽	花序伸长期		单花直径			
	花蕾分离期		花序	类型	长度	宽度
	初花期					
	盛花期		花量	大（ ）		
	末花期			小（ ）		
				中等（ ）		
果实	幼果出现期		果实类型			
	生理落果期		果实形状			
	果实着色期		果实颜色			
	果实成熟期		成熟后	宿存（ ）		
				坠落（ ）		

四、作业

1.园林植物物候期观察有何意义？结合园林专业实践加以说明。

2.园林植物物候期观察应注意哪些问题？

3.每人 10 种植物，根据调查表详细填写观察结果；所调查的植物可从下列中选择，亦可根据具体情况自行选择。

悬铃木、海桐、爬山虎、白蜡、雪松、合欢、泡桐、碧桃、银杏、黑松、平枝枸子、侧柏、樱花、红瑞木、桑、臭椿、榆树、黄栌、山桃、刺槐、玉兰、黄山栾、石榴、丁香、元宝枫、火棘、水杉、杜仲、月季、火炬树、绦柳、枫香、珍珠梅、鸡爪槭、卫矛、枫杨、紫薇、接骨木、扶芳藤、紫叶李、金银花、梧桐、枸杞、紫叶小檗、金枝槐、绣线菊、毛白杨、锦带花、耐冬、连翘、美国地锦、锦熟黄杨、女贞、凌霄、木槿、榉树、国槐。

实验六　草坪草标本制作

一、实验目的

　　草坪草标本是辅助草坪草教学的有力手段之一。利用草坪草标本可以更好地认识、了解草坪,不受区域性、季节性的限制;同时,标本也便于保存草坪草的形状、色彩,以便日后重新观察与研究。少数草坪草标本也具有收藏的价值。通过对草坪草标本的制作,更加深刻地了解草坪草的植物学和生态学特性。

二、实验材料与用具

(一)实验试剂和材料

　　试剂:醋酸铜、福尔马林等。

　　材料:各种草坪草植株。

(二)实验用具

　　手持放大镜、旧报纸或草纸、镊子、台纸、标本夹、解剖剪、标签、针线、胶水、半透明纸、标本缸、电炉、烧杯(2 000 mL)、温度计、量筒等。

三、实验方法与步骤

(一)腊叶标本的制作

　　1.选取材料:将从野外采集回来的标本立即进行处理。先将植物清洗干净,挑出同种植物中各器官较完备的植株,把多余、重叠的枝条进行适当修剪,避免相互遮盖。有的果实较大,不便压制,要剪下另行处理保存,确保材料与台纸大小相适宜。

　　2.压制:对经过初步整理后的标本要进行压制。压制植物标本要用标本夹。压制时可把标本夹的一扇平放在桌子上,在上面铺几层吸水性强的纸(旧报纸或草纸),把标本放在纸上,并进行必要的整形,使花的正面向上,枝叶展平,疏密适当,使植物姿态美观,然后再盖上几层吸水纸,这样一层一层地压制,达到一定数量后,就将标本夹的另一扇压上,用绳将标本夹捆紧,放在干燥通风有阳光处晾晒。开始吸水纸每日早晚各换一次,2~3 d后可每日换一次,雨季要勤检查,防止标本发霉,通常一周左右,标本就完全干了。

3. 上台纸:压制好的干燥标本可用塑料贴纸将其贴在较硬的台纸上,位置要适当,植物的粗厚部分,用针线钉牢在台纸上,以防脱落,并在台纸右下角贴上标签,然后加上同台纸大小相同的半透明盖纸,以保护标本,装入标本盒内。

4. 保存:保存腊叶标本应有专柜,按类放好。为了防止发霉、虫蛀,柜子应放在干燥处,在柜子里放置樟脑球等,并定期检查。

(二)浸制标本的制作

1. 将福尔马林用清水配成5%或10%的溶液,放于标本瓶(标本缸)中。

2. 将采集好的植物标本清洗干净,放入标本瓶(标本缸),整理形状,浸泡在药液中即可。

3. 在标本瓶的外面贴上标签,注明植物标本的名称、特征及浸制日期等。

四、注意事项

1. 浸制标本制作时,如标本内含有空气较多,不能在溶液中下沉,则可用玻片或其他瓷器等重物将植物标本压入浸渍药液中。

2. 制成的植物标本应放在阴凉无强光照射的地方保存。

五、作业

1. 还有哪些方法可以制作不同种类的标本?

2. 浸制标本为什么可以长期保持牧草的颜色?

第二篇
草坪生态学

实验一　草坪草抗逆性测定

一、实验目的

草坪草逆境又称草坪草胁迫,是指对草坪草生长发育不利的各种环境因素的总称。逆境可分为生物因素逆境(包括病害、虫害和杂草危害等)、理化因素逆境等类型。理化因素逆境包括温度逆境、水分逆境、化学逆境(盐碱地危害、除草剂和化肥的副作用、大气污染、水体污染和土壤污染等)、物理逆境(雪、雹、冰、风、雷、闪电、人员与机具践踏等)、辐射性逆境(离子辐射、可见光过强或过弱照射、红外光或紫外光伤害等)。

二、实验原理

草坪草对逆境的抵抗和忍耐能力称为草坪草抗逆性。不同草坪草(品种)的抗逆性存在明显的差异。为满足不同地区生态环境条件下建植草坪的功能要求,必须选择与选育抗逆性较强的草坪草种(品种)。因此,必须掌握草坪草抗逆性的测定方法,以便对草坪建植选择的草坪草种(品种)与草坪草育种过程中选育的草坪草品种(系)的环境适应性和抗逆性进行分析和比较鉴定。通过参加本实验,要求学生掌握草坪草抗旱性、抗寒性和耐热性等常见抗逆性鉴定的基本方法。并且能够举一反三,了解草坪草其他抗逆性状的测定方法及其作用。

三、实验材料与用具

(一)实验材料

根据不同的抗逆性测定性状与测定目标及方法选用不同草坪草种子与植株及幼苗。

(二)实验用具

人工智能气候培养箱、蒸馏水器、分光光度计、电导率仪、离心机、电子天平、恒温槽、水浴锅、培养皿、烧杯、漏斗、具塞刻度试管、注射器或滴管、离心管、研钵、容量瓶、移液管、盆栽试验塑料盆、小尺、记录本等。

(三)实验试剂

聚乙二醇(PEG-6000)、脯氨酸冰乙酸、酸性茚三酮、甲苯、磺基水杨酸等。

四、实验步骤与方法

(一)抗旱性的测定

草坪草抗旱性的测定方法主要有反复干旱处理以测定草坪草受旱程度与成活率的直接测定法(分盆栽直接测定方法与大田试验直接目测法两种方法)、PEG-6000溶液模拟干旱胁迫测定法及在干旱胁迫下测定草坪草生理生化指标变化以鉴定其抗旱性的实验室间接测定法等3种测定方法。根据抗旱性测定试验的操作难易与准确性,一般认为采取反复干旱处理的直接测定法,更适合作为草坪草抗旱性的鉴定方法。而PEG-6000溶液模拟干旱胁迫测定法和在干旱胁迫下测定草坪草生理生化指标变化的实验室测定方法则可迅速得到测定结果,有时还不需要进行大田试验,可一年四季进行,但需要具备一定的仪器设备条件才能进行。生产实际中可依据自身条件分别选用适合的草坪草抗旱性测定方法。

1.盆栽直接测定法。把经选择的草坪草种子试样用培养器发芽后(芽尖刚露出)点播于盆钵中(内装试验田土壤,并拌有适量腐熟有机肥)。每穴点播2~3粒种子,每盆10穴,试验设置干旱处理组与对照组,各处理均重复3次,在露天育苗。草坪草种子播种后适时浇水,保持盆钵土壤湿润,待草坪草种子萌发出苗后,需加强盆钵养护管理,及时除杂草和浇水;齐苗后及时定苗,每个盆钵选定长势一致的草坪草幼苗10株,其余幼苗则拔除;然后观察盆钵草坪草定植幼苗生长情况,当幼苗生长至三叶期或分蘖(分枝)期时,即可移入用塑料薄膜作为顶盖的旱棚进行干旱处理。

移入旱棚后对干旱处理的草坪草植株停止浇水,进行第一次干旱处理。当供试植株50%以上表现永久萎蔫症状时进行浇水,2~3 d后调查其成活率。依此类推,反复进行3次重复干旱处理之后,比较不同草坪草供试材料在每次干旱处理后的成活率。即可评定不同供试草坪草材料的抗旱性。盆栽干旱对照处理的草坪草材料则采用正常浇水。

2.大田栽培直接目测法。当土壤干旱来临时,草坪草因失水而逐渐萎蔫,叶片变黄并干枯。在干旱季节午后日照最强、温度最高时的干旱高峰过后,根据供试各草坪草材料的叶片萎蔫程度,按如下抗旱性标准,分5级分别记载各草坪草供试材料的抗旱性。抗旱性级别数值越小,表示其抗旱性越强。

1级:无受害症状;

2级:小部分叶片萎缩,并失去应有光泽,有较少的叶片卷成针状;

3级:大部分叶片萎缩,并有较多的叶片卷成针状;

4级:叶片卷缩严重,颜色显著深于该品种的正常颜色,下部叶片开始变黄;

5级:茎叶明显萎缩,下部叶片变黄至变枯。

3.PEG-6000溶液模拟干旱胁迫测定法。PEG-6000因本身不易渗入活细胞内,不会给草坪草种子内增加营养物质,无毒,但能使活细胞缓慢吸水等优点,常被作为草坪草干旱胁迫的渗透胁迫剂。可通过不同浓度梯度PEG-6000模拟土壤干旱胁迫,测定不同供试草坪草材料的种子萌发期的抗旱性差异。具体测定方法如下:

(1)干旱胁迫处理:干旱胁迫条件由PEG-6000溶液产生。可设4种干旱胁迫处理浓度,分别为5％、10％、15％、20％(体积质量浓度),与之相对应的溶液水势约为−0.10 MPa、−0.20 MPa、−0.40 MPa、−0.60 MPa,干旱胁迫处理对照(CK)以蒸馏水代替PEG-6000溶液。各种干旱胁迫处理均选用各供试草坪草材料的25粒种子,每个培养皿中加入5 mL相对应浓度的PEG-6000溶液,3次重复,然后置于光照强度为5 000 lx,湿度为50％的人工智能气候培养箱,15℃ 16 h至25℃ 8 h变温处理。每天向培养皿中加入补充因蒸发损失的相对应浓度的适量PEG-6000溶液,以保证每个处理水势的稳定性。

(2)测定指标与方法:从各供试草坪草材料的种子置床之日起观察,按标准试验的发芽标准确定发芽种子,以3个重复中有一粒种子发芽之日作为该处理发芽的开始期,以后每天定时记录每个处理的发芽种子数,当连续4 d不再有种子发芽时作为该处理发芽的结束期。在草坪草种子标准发芽试验末次计数日或第10～14天,从各重复中随机挑选10粒正常发芽的种子,测量新生胚根和胚芽的长度。发芽结束后,按如下公式计算发芽率、发芽势、发芽指数和活力指数:

$$发芽率(GR) = \frac{标准发芽试验末次计数日正常发芽种子数}{供试种子数} \times 100\%$$

$$发芽势(GP) = \frac{标准发芽试验初次计数日正常发芽的种子数}{供试种子数} \times 100\%$$

$$发芽指数(GI) = \sum(G_t/D_t)$$

式中:G_t 为 t 日的发芽数;D_t 为相应的发芽天数。

$$活力指数(VI) = GI \times S_x$$

式中:GI 为发芽指数;S_x 为种苗芽平均长度,cm。

为消除各供试草坪草材料间的发芽特性差异,对参与分析的各供试草坪草材料的各种发芽形状指标均采用相对值,即干旱胁迫下的指标值/对照的指标值。各供试草坪草材料的各种发芽性状指标值越低,表明其抗旱性越弱。

4. 实验室间接测定法。实验室间接测定法是指测定干旱胁迫下各供试草坪草材料的生理生化指标变化以鉴定其抗旱性强弱的方法。其中,最常用的是脯氨酸分析鉴定法。

干旱胁迫条件下,草坪草植株体内的脯氨酸含量会发生变化。一般情况下,抗旱性强的草坪草的脯氨酸维持积累的时间长,积累量大,数量变化平缓;抗旱性弱的草坪草的脯氨酸维持积累的时间短,积累量小,数量变化剧烈。据此可通过测定干旱胁迫时各供试草坪草材料的脯氨酸含量的变化情况鉴定供试草坪草材料的抗旱性强弱。

把供试草坪草幼苗按不同固定时间段间隔(如 3 d、6 d、9 d、12 d、15 d、18 d)进行干旱胁迫处理,然后将各处理草坪草材料分批取样,分别测定各批次草坪草叶片的游离脯氨酸含量。分析各供试草坪草材料的叶片游离脯氨酸变化特征,从而推断各供试草坪草材料的抗旱性强弱。草坪草叶片游离脯氨酸含量的测定方法如下:

(1)标准曲线的绘制:

A.用分析天平精确称取 25 mg 脯氨酸,倒入小烧杯内,用少量蒸馏水溶解,然后倒入 250 mL 容量瓶中,加蒸馏水定容至刻度,配成脯氨酸标准原液,浓度为每毫升溶液含脯氨酸 100 μg。

B.系列浓度标准脯氨酸溶液的配制。取 6 个 50 mL 容量瓶,分别盛入脯氨酸标准原液 0.5 mL、1.0 mL、1.5 mL、2.0 mL、2.5 mL 及 3.0 mL,用蒸馏水定容至刻度,摇匀,各瓶标准脯氨酸溶液浓度分别为 1 μg/mL、2 μg/mL、3 μg/mL、4 μg/mL、5 μg/mL 及 6 μg/mL。

C.取 6 支试管,分别吸取 2 mL 系列标准浓度的脯氨酸溶液及 2 mL 冰乙酸和 2 mL 酸性茚三酮溶液,每管在沸水浴加热 30 min。

D.各试管冷却后准确加入 4 mL 甲苯,充分振荡 30 s,以萃取红色物质,使色素全部转至甲苯溶液。

E.静置片刻,待分层后,用注射器轻轻吸取各管上层脯氨酸甲苯溶液至比色杯中,以甲苯溶液为空白对照,于 520 nm 波长处进行比色。

F.标准曲线的绘制:先求出光密度 OD(Y)依脯氨酸浓度(X)而变的回归方程式,再按回归方程式绘制标准曲线,计算 2 mL 测定液中脯氨酸的含量(2 μg/mL)。

(2)样本游离脯氨酸含量测定：

A.取 0.05～0.5 g 供试草坪草叶片，用 3% 的磺基水杨酸溶液研磨提取，磺基水杨酸的最终体积为 5 mL。匀浆液转入玻璃离心管中，在沸水浴中浸取 10 min。冷却后，以 3 000 r/min 离心 10 min，取上清液待测。

B.取 2 mL 上清液，加入 2 mL 水，再加入 2 mL 冰乙酸和 2 mL 酸性茚三酮溶液，沸水浴中加热 30 min，后续步骤按标准曲线制作方法程序进行甲苯萃取和比色，根据比色结果查标准曲线，求得样品的脯氨酸含量。依据绘制的各样品叶片的游离脯氨酸变化图，确定各供试样品抗旱性的强弱。

(二)抗寒性的测定

草坪草的抗寒性是指草坪草对低温的抵抗能力。草坪草抗寒性的测定方法主要有大田越冬测定法和细胞抗冻性测定法两种。

1.大田越冬率测定法。草坪土壤结冻前，在当年播种成草坪或成年草坪的试验圃中选取 2～5 个 50 cm×50 cm 的样方，统计每个样方的草坪草植株数，翌年春季草坪返青后，统计每个样方内的存活草坪草植株数，计算供试草坪草材料的越冬率。草坪草的越冬率越高，表明其抗寒性越强。

$$越冬率 = \frac{存活草坪草植株数}{草坪草总植株数} \times 100\%$$

2.细胞抗冻性测定法。剪取供试草坪草材料盆栽条件的草坪草叶片 1 g，称重后用蒸馏水洗净，滤纸吸干，放入设置好胁迫低温的低温槽中放置 24 h，取出后放在苯乙烯制的容器中，加入重蒸馏水 20 mL 进行浸洗处理，2～6 h 后对浸渍液进行电导率的测定，供试草坪草材料浸渍液的电导率越大，表明供试草坪草材料的抗寒性越弱。

(三)抗(耐)热性的测定

草坪草的抗(耐)热性是指草坪草对高温的抵抗能力。测定草坪草抗热性的方法主要有大田越夏率测定法和细胞耐热性测定法两种。

1.大田越夏率测定法。进入夏季高温前，在供试草坪草材料或当年春天播种成坪的试验圃中选取 2～5 个 50 cm×50 cm 的样方，统计每个样方的草坪草植株数，在夏末秋初前后，统计每个样方内的存活草坪草植株数，计算各供试草坪草材料的越夏率。草坪草的越夏率越高，表明其抗热性越强。

$$越夏率 = \frac{存活草坪草植株数}{草坪草总植株数} \times 100\%$$

2.细胞耐热性测定法。剪取供试草坪草材料(盆栽条件)的叶片，称重后用蒸馏水洗净,滤纸吸干,放入设置好胁迫高温的高温槽中,放置 24 h,取出后放在苯乙烯制的容器中,加入重蒸馏水 20 mL 进行浸洗处理,2～6 h 后对浸渍液进行电导率的测定,供试草坪草材料浸渍液的电导率越大,表明供试草坪草材料的抗热性越弱。

四、作业

1.比较早熟禾、高羊茅、剪股颖、黑麦草、三叶草等不同冷季型草坪草或相同冷季型草坪草种不同品种的抗旱性和耐热性的大小并排序。

2.比较结缕草、狗牙根、钝叶草、假俭草等不同暖季草坪草种或相同暖季草坪草种不同品种的抗寒性的大小并排序。

实验二 草坪植物根量与群落 特征测定

一、实验目的

　　根系是草坪植物营养器官的重要组成部分,是吸收土壤水分和养分的重要器官,在植物的养分代谢中起着重要作用。根系的特性及其发育状况,影响土壤的理化性质和土壤水分、养分的吸收及营养物质的转化。同样,土壤状况也影响草坪草根系的生长与分布。因此,研究草坪草的根系,了解其在土壤中的发育情况是极为重要的。测定草坪草根系的重量,了解其在土壤中的主体分布结构,对制定草坪养护管理措施是极为重要的。同样,研究草坪群落的特性,对草坪的建植与维持无疑是十分必要的。草坪群落植物特性的研究,可用传统植被调查的方法进行。

二、实验原理

　　草坪是具有特别功能的植物群落,其植物种类与组成特性,决定着草坪的适应性及其应用功能。不同用途草坪其植物群落不尽相同,地下根量也相差较大。

三、实验材料与用具

(一)实验材料

各种类型草坪及专用草坪。

(二)实验用具

　　土钻、取土样框、土壤刀、剪刀、钢卷尺、铁锨、土壤袋、标签、土壤筛、纱布、橡皮手套、水桶、大洗衣盆、烘箱、酒精、0.1 m² 频度样圆、1 m×1 m 样方框、电子秤或克秤、样袋、钢针、记录表格等。

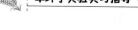

四、实验步骤与方法 ◆

(一)草坪植物根量

1.取样。草坪草地最好用土钻随机多点取样,一般使用的土钻钻孔直径为3.5 cm。为了取得更精确的数据,土钻取样应增加到20~30次。土钻法的优点是省时省工,还可用机械代替人工取样,另外破坏的草坪面积很小,即使离钻孔很近的草坪植物也能继续生长。但缺点是准确度较差。

2.洗根。首先将土壤-根系样品在容器里浸泡12~24 h,必要时加入土壤分散剂。捡出粗而明显的根和非根物质后,再用双层纱布包住土壤-根系样品在流水中冲洗。但必须注意不能过多地隔纱布挤压、搓捏样品,以免有些细根粘在纱布上不易取下而影响测定结果。此外也可直接在筛子上用喷头或喷水器进行冲洗。初步冲洗干净的根样用网筛过滤,一般筛孔为0.5 mm,如果根十分细小,则可用0.2 mm筛孔的网筛。更好的方法是将网筛从大到小重叠起来使用。第一层的筛孔为1 mm,分离粗大的根、硬土粒和石块等;第二层为0.5 mm,以分离较细的根和大的沙粒;第三层为0.25 mm,主要阻拦大量的细根;第四层为0.15 mm,用以收集非常细小的根。根系样品中与根不易分离的沙粒可以用焚烧法测定。

土壤-根系样品的保存:在取样很多,不可能立即冲洗和分离完毕时,在15~25℃的条件下浸泡的根2~3 d便开始腐烂,因此就出现了样品的保存问题。一般可用10%的酒精或4%的福尔马林稀释液保存,也可在0~2℃的条件下冷藏保存,不得已时风干保存,但风干后会影响根的分离精度。

3.死活根的辨别和分离。

肉眼辨别法:这是根据根的形态解剖特征,用肉眼从外表上主观判断的方法。一般活根呈白色、乳白色,或表皮为褐色,但根的截面仍为白色或浅色;而死根颜色变深,多萎缩、干枯。这一方法较费时,只有经验丰富的人才能做出比较准确的结果。

比重法:由于死根和半分解状态的死根的水分大部分失去,比重较小,应用这一特点在实践中可用悬浮分离法区别死根与活根。

将检出了明显的较大的活根和死根的剩余根样,放入盛水容器中加以搅拌,静置数分钟,漂浮在水面的根为死根,悬浮在水中和沉在容器底部的为活根,沉在容器底部的黑褐色屑状物是半分解的死根。这一方法简单易行,但准确性也较差。

染色法:常用的药剂为2,3,5-氯化三苯基四氮唑,简称TTC。TTC的染色程度受温度、pH、溶液浓度和处理时间的影响。温度30~35℃为宜,pH 6.5~7.5最适,浓度一般为 0.3%～1.0%,处理时间 8～24 h。具体方法是先将冲洗干净的根样剪成 2 cm 的小段,然后每 10 g 鲜重作为一个样本,放入培养皿中,加入 80 mL 已知浓度的 TTC 溶液,放入 30℃ 的恒温箱中,在黑暗条件下染色约 12 h。样品取出后,用蒸馏水将药液冲洗干净,用镊子分离着色与不着色两部分,着色的部分即为活根,不着色部分为死根。

(二)草坪植物群落特征

1.抽样:草坪被调查的面积一般较大,不可能进行全体调查,因此应进行科学取样。

(1)确定抽样的最小面积:所谓最小面积是指这个面积能基本上包括草坪内所有植物种的草坪面积。其方法是在草坪内建立 2 个垂直的标尺,然后以 10 cm× 10 cm,20 cm×20 cm,30 cm×30 cm……的面积进行草坪草种调查,直至取到不出现新的草种为止。这样以此面积反复 3～5 次,找出平均数作为取样的最小面积。

(2)确定最少取样数:依据同一思路,随着样方数量的增加,草坪内植物种类也增加,但到一定的取样数量时,再增加取样数量,植物种类不再增加,这时的样方数量即为最少取样数。

(3)取样位置:取样位置的选择要避免人为主观意识的选择,要尽量做到随机地确定位置。当定下第一个位置后,下边就可按一定的间距和方向,依次决定各个取样点(图 2-1)。

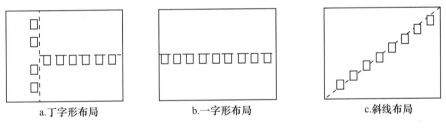

a.丁字形布局　　　　b.一字形布局　　　　c.斜线布局

图 2-1　取样位置布局图

2.草坪群落植被调查方法。

(1)样方法:草坪上最适合的是正方形的样方法。其方法是按抽样最小面积,在随机确定的样点处用绳子或直尺固定一正方形的样地,然后在样方范围内进行规定的调查和测量。该法的优点便于统计和使用。为了长期定点进行调查,有时可将样方在一定时期内固定在一特定位置,这种样方叫永久(固定)样方。样方依据其作用又可分为记名样方(只记植物名称)、记名面积样方、记名记数样方、记名记重量样方等多种。

（2）样带法：样带法适宜面积较大、环境条件差异较大的草坪调查。其做法是在草坪上用 2 条平行线做成 1 m 宽的长方形的带状样方，长度随调查目的而定。其调查方法和内容与样方法相同，主要是记录草坪植物种类、盖度、密度等，亦可对床土进行调查。

（3）样线法：样线法是样带法的简化，把样带缩成一条线，调查记录线上所接触的植物，以 1 m 为观测基本单位。主要记录草坪内各种植物出现的频度。

（4）横断切线法：将样线法进一步改进成为横断切线法。这种方法不是了解随着环境的变化草坪植被发生变化的情况，而和样方法相同，是了解草坪植被全体的构造。具体做法与样线法略同，特点是记录线所接触的某种植物种类所占的长度。在中等复杂的草坪上，以长 10 m 的样线重复做 15 次，长 15 m 样线重复做 10 次，就可得到相当高的可信率。

（5）剖面法：主要以调查草坪植被立体结构为目的。剖面法对了解微地形变化和植被配置更有意义。其做法：根据调查目的拉一条水平的调查线（10 m 长），然后分别以 1 m 为单位作为观测点进行观测。首先测定调查线到草坪床面的深度，以厘米（cm）为单位。这样调查完了就能测出地形断面，然后在方格纸上正确地绘出地形断面图。接着调查与地形变化相应的植被配置和特定植物分布状况，把代表植物的主体情况绘在图上。

（6）点测法：该法以样点为调查对象，较为适宜草被低的草坪植被调查。点测法调查的原理是以一个尖锐的铁针为工具，记录针尖所接触的植物。如无植物，则按裸地处理。调查器的构造是针与针间距离 10 cm，一个样点并列 10 根针，针装在一个铁架上，每根针能自由地上下移动。调查时将调查器放在草坪上，然后从一侧开始把 10 根针依次提起，使之从上向下落，记录针所接触的植物名称。距地面 10 cm 以上为上层，以下为下层。对上层和下层碰到的植物要分层列表记录，这样就能查明草坪植被的多层结构。通常，一次调查中要测 20～30 次，200～300 个样点，即能相当准确地掌握植被特点。

3.调查的内容与方法：

（1）种群大小：种群的大小或种群的数量，是指种群内个体数量的多少。种群的数量或大小的变化，决定草坪草出生率和死亡率的对比关系。从理论上讲，种群的大小决定种群的出生率、死亡率和起始种群的个体数目，在某个时间内群落的大小（N_t），等于该时间开始时种群的个体数目（N_0），加上该时间间隔内出生的个体数目（B）和死亡个体数目（D）的差，即 $N_t = N_0 + (B-D)$。

种群大小的变化深受环境条件的影响，草坪养护管理的根本任务就是保持草坪中草坪草相对的动态平衡，最大限度地保持种群的延续和繁盛，进而达到维持高质量草坪及其利用年限的目的。

（2）密度：是指单位面积内种群的个体数目，以一定面积内种群个体数与同样面积的比率来表示。在草坪中由于个体的草难以区分，通常以枝条数作为计数单位。

（3）多度：或称丰富度。它表示一个种群在群落中个体数目的多少或丰富程度，是群落中种群个体数目的一个数量上的比率。

种群多度的测定，通常是在样地内记名计数直接统计，或是目测估计。目测法多用于草坪群落，它可按已制定的多度等级（表2-1）来进行估测。

表2-1　常用的几种多度等级

胡氏法		史氏法		克氏法		布氏法	
5	很多	Soc.(Sociales)极多					
4	多		很多	D(do minant)　很多		5	非常多
		Cop.(Copiosae)　多		A(abundant)　多		4	多
			尚多	F(frequent)　较多		3	较多
3	不多	Sp.(Sparsae)　少		O(occasional)　少		2	较少
2	少	Sol.(Solitariae)　稀少		R(rare)　稀少		1	少
1	很少	Un.(Unicum)　个别		Vt(very rare)　很少		＋	很少

（4）盖度：或称覆盖度。是指种群在地面上所覆盖的面积比率，表示种群实际所占据而利用的水平空间的面积。一般分为投影盖度和基部盖度。投影盖度（或称植冠盖度）亦即通常所指的盖度，它是植物枝叶或植冠所覆盖的地面面积的比率。基部盖度：又称基面积或底面积，是指植物基部实际所占的地面面积。在草坪测定中，因其较为稳定，较常采用。

测定方法（针刺法）：样方框为 1 m²、0.5 m²、0.25 m²，使用钢卷尺在样方框绳上每隔 10 cm 或 5 cm 进行标记，用 2 mm 左右的细针按顺序上下左右间隔标记点上在植被上方垂直下插。记录针与植物接触的次数，百分数表示即为盖度。投影盖度还可以用目测法估计，以百分数表示。

（5）频度：表示某一种群的个体在群落中水平分布的均匀程度，它是表示个体与不同空间部分的关系，是一个种群在群落中出现的样地的百分数，或称为频度指数。因此，频度大的种群，其个体在群落中分布是较均匀的，反之，频度小的种群，其个体在群落中的分布是不均匀的，从而反映一个种群在群落中的水平格局。频度测定的方法有多种，常见的有：①扎根频度：是计数那些茎或丛的中心位于样地内的植物;②覆盖度频度:考虑的是在样地内具有植冠覆盖度的任何植物;③底面积频度:只计数被包括在样地内植物的底面积;④生活型频度:只计数进入样地内的多年生芽的植物;⑤样点频度:由样点法测定的频度。测定的方法:用直径为35.6 cm 的样圆(面积为 1/10 m²),在调查的草坪样地内均匀随机将样圆抛出 50次,记录每样圆内植物出现的植物名录,统计总和后除以抛样次数即为每种植物的频度,用百分数表示。

(6)存在度:是指某种植物在同一群落类型的、在空间上分隔的各个群落中所出现的百分率。存在度通常将同一类型的各个群落的所有种类,按其出现的次数比率划分为 5 个等级,即:

①1%~20%　　　稀少

②21%~40%　　　少有

③41%~60%　　　常有

④61%~80%　　　多数有

⑤81%~100%　　　经常有

五、作业

1.计算出不同层次草坪草的根量,并绘出根量分布图。

2.根据草坪植物群落特征测定方法,调查和描述一块草坪的群落特征。

实验三 土壤含水量测定

一、实验目的

土壤的含水量是土壤的物理性质指标之一。本实验目的是测定土壤中水的重量（质量）与土壤的重量（质量）之比，为计算土壤的其他物理性质指标及确定土壤的力学性质提供依据。

二、实验仪器设备

1. 烘箱：可采用电热烘箱或温度能保持 105～110℃ 的其他能源烘箱。
2. 天平：称量 200 g，分度值 0.01 g。
3. 其他：干燥器、酒精（纯度＞95％）、称量盒、调土刀等。

三、实验原理

烘干法是可以直接测量土壤含水量的方法。用土钻采取土样，用 0.1 g 精度的天平称取土样的重量，记作土样的湿重 m，在 105℃ 的烘箱内将土样烘 6～8 h 至恒重，然后测定烘干土样的重量，记作土样的干重 m_d。

即：

$$\omega = \frac{m - m_d}{m} \times 100\%$$

式中：ω 为土壤的含水量，％；m 为湿土质量，g；m_d 为干土质量，g。计算值准确至 0.1％。

四、实验步骤与方法

本实验采用酒精燃烧法测定土壤的含水量。计算方法同烘干法。

1. 取代表性试样 15～30 g，放入称量盒内，立即盖好盒盖，称量。

2.揭开盒盖,用滴管将酒精加入称量盒内。轻轻在桌面上振动,使试样充分混合均匀。

3.点燃酒精,烧至熄灭,盖上盒盖,等试样冷却至室温后,称干土质量(燃烧次数可根据土壤中含水量的大小而定)。

4.本实验称量应准确至0.01 g。计算时要减去盒子的重量。

五、计算

1.按实验原理中的公式计算含水量。

2.本实验需进行2次平行测定,取其算术平均值。允许平行差值应符合表2-2规定。

表2-2 允许平行差值表   %

含水率	允许平行差值
<10	0.5
10~40	1.0
>40	2.0

六、实验资料整理

填写表2-3。

表2-3 含水量实验记录及计算表

工程名称＿＿＿＿＿＿＿＿＿＿　　实验者＿＿＿＿＿＿＿＿＿＿
实验方法＿＿＿＿＿＿＿＿＿＿　　计算者＿＿＿＿＿＿＿＿＿＿
实验日期＿＿＿＿＿＿＿＿＿＿　　校核者＿＿＿＿＿＿＿＿＿＿

试样编号	土样类别	盒号	盒质量/g	盒加湿土质量/g	盒加干土质量/g	水分质量/g	湿土质量/g	含水量/%	平均含水量/%
			①	②	③	④=②－③	⑤=②－①	⑥=④/⑤	⑦
1									
2									
⋮									
10									

七、作业

1.什么是土壤的物理性质指标？土壤的各种物理性质是怎样定义的？

2.为什么必须测得土壤的容重、密度和含水量三个指标,才能换算出其他指标？如果只有其中两个指标行不行？为什么？

实验四　草坪草的水分与干物质测定

一、实验目的

　　草坪草水分与干物质含量是草坪草生长发育状况好坏的生物学与生理生态学指标。通过本实验的学习，要求学生掌握草坪草水分与干物质含量的测定方法及其计算方法，并了解不同草坪草种及其不同器官和不同生育时期的水分含量变化情况。

二、实验原理

　　草坪草中的营养物质包括有机物质和无机物质均存在于干物质中，测定草坪草植株的水分含量就可计算出其干物质含量。以草坪草植株总量为100%，减去其水分含量（%），即为草坪草植株中干物质含量（%）。草坪草水分测定的方法很多，可概括为烘干减重测定法和其他测定法。烘干减重测定法为草坪草水分测定的一般常用方法，也是草坪草种子水分测定的标准方法，草坪草种子水分正式检验报告须用此法。其他测定方法主要包括电子仪器快速测定法、卡尔费休水分测定法（滴定法）与甲苯蒸馏法。其中电子仪器快速测定法利用电子仪器（如电容式、电阻式水分测定仪）进行测定。在草坪草科学研究及生产实际中，为了快速测定草坪草水分可应用此方法。

　　草坪草水分测定的烘干减重法，包括低恒温烘干法、高温烘干法和高水分试材预先烘干法。烘干减重法的原理是干燥箱箱内空气的温度升高，湿度降低，草坪草样品在高温低湿条件下，试样内水分受热汽化，样品内部蒸汽压大于样品外部（箱内）的蒸汽压，因此样品内水分不断向外扩散到烘箱内空气中，并通过烘箱的通气孔不断向外扩散。根据试样烘干后减轻的重量即可计算样品含水量。

　　如需了解草坪草水分测定的电子仪器快速测定法、卡尔费休水分测定法（滴定法）与甲苯蒸馏法的原理则可参考相关仪器说明书及相关教科书。

三、实验材料与仪器设备

(一)实验材料

结缕草、狗牙根、假俭草、钝叶草、海滨雀稗、野牛草、地毯草、马蹄金、早熟禾、高羊茅、紫羊茅、多年生与一年生黑麦草、翦股颖、白三叶、红三叶等草坪草的植株或茎、叶、根、花或干种子。

(二)实验仪器设备

1.恒温烘箱。

(1)电热恒温干燥箱(电烘箱):主要有温度计式(中间插入,200℃)和液晶式两种类型。

(2)真空干燥箱:装有可移动多孔的铁丝网架或不锈钢板和可测量准确值为0.5℃的温度计。

2.粉碎(磨粉)机。粉碎(磨粉)机为电动粉碎机,常用的为滚刀式,备有0.5 mm、1.0 mm和4.0 mm的金属网筛。

3.分析天平。分析天平为称量快速的数字式,感量应达到0.000 1 g。

4.样品盒。样品盒常用的是铝盒,盒与盖有相同的号码。规格一是小型样品盒,直径为4.6 cm,高2～2.5 cm,盛样品4.5～5 g;二是中型样品盒,直径≥8 cm,一般用于高水分种子预先烘干。

5.干燥器和干燥剂。干燥器和干燥剂用于冷却经过烘干的样品,防止回潮,盖上要涂上凡士林。内放干燥剂变色硅胶,未吸湿前为蓝色,吸湿后为红色。吸湿后的变色硅胶要烘干将水分除去,烘干温度70℃,时间以呈蓝色为准。

6.其他。样品筛(40、60、100目筛孔)、瓷盘、剪刀、镰刀、菜刀、磨口瓶、牛角匙、粗纱线手套、毛笔、坩埚钳等。

四、实验方法与步骤

(一)低恒温烘干法

低恒温烘干法即103℃±2℃、8 h一次烘干法。必须在相对湿度70%以下的室内进行,否则结果偏低。适用于水分含量较低的草坪草样品的水分测定。其测定程序如下。

1.样品处理。首先,混匀送验样品:可用匙在样品罐内搅拌或将样品罐的罐口对准另一个同样大小的空罐口,来回倒种子3次。然后,草坪草粗大粒种子必须磨碎才能烘干测定水分,小粒样品可不进行磨碎处理,直接烘干。从样品中取出两个独立的试验样品15~25 g,按规定进行磨碎处理,样品处理后,将样品立即装入磨口瓶,并密封备用。

2.铝盒恒重。草坪草水分测定前预先准备:将铝盒于130℃的条件下烘干1 h,取出后冷却称重,再继续烘干30 min,取出后冷却称重,当两次烘干结果误差≤0.002 g时,取两次平均值;否则,继续烘干至恒重。

3.样品称重。先将烘干的样品盒称重,记下盒号。将处理好的草坪草样品在瓶内混匀,用感量0.000 1 g的天平,称取试样。需取两个重复的独立试验样品,一般4.500~5.000 g两份。必须使试验样品在样品盒的分布为每平方厘米不超过0.3 g,放在盒内摊平。取样勿直接用手触摸样品,而应用勺或铲子。

4.烘干称重。烘箱通电预热至110~115℃,打开箱门使温度下降,将样品盒摊平放入烘箱内的上层,样品盒距温度计的水银球约2.5 cm处,迅速关闭烘箱门,使箱温在5~10 min内回升至103℃±2℃时开始计算时间,烘8 h。用坩埚钳或戴上手套盖好盒盖(在箱内加盖),取出后放入干燥器内冷却至室温,30~45 min后再连同样品一起称重。

5.结果计算。根据烘后失去水的重量按下式计算草坪草样品水分百分率,称重单位为g,保留1位小数。

$$草坪草样品水分含量=\frac{样品盒盖及样品烘前重-样品盒盖及样品烘后重}{样品盒盖及样品烘前重-样品盒盖重}\times100\%$$

6.容许差异与结果报告。相同样品两次重复间的差距≤0.2%($X_1-X_2\leq$ 0.2%),否则重做。结果填报在检查结果报告的规定空格中,用平均数表示,精确度为0.1%。

(二)高温烘干法

高温烘干法适于非油分草坪草试验。其测定方法与上述低恒温烘干法相同,但烘干的温度与时间不同。烘箱预热到140~145℃,打开箱门,放好样品,并在5~10 min内调到130~133℃,烘1 h,取出冷却称重。

(三)高水分样品预先烘干法(两次烘干法)

1.适于草坪草样品种类。因为高水分草坪草样品难以磨碎到规定的细度;磨碎时水分容易散发,影响水分测定结果的正确性。故先将粗大粒草坪草样品做初步烘干,然后进行磨碎或切片,测定其水分含量。高水分样品预先烘干法适用于需磨碎的高水分草坪草样品;不需磨碎的小粒样品含水量高可直接烘干,不用此方法;禾本科草坪草样品水分超过 18%,豆科草坪草样品水分超过 16%,必须采用预先烘干法。

2.测定方法。称取相同样品两份试样各 25.00 g±0.02 g(1/100 g 天平)→置于直径＞8 cm 的样品盒中→在 103℃烘箱中预热 30 min(油脂含量较高的草坪草样品 70℃预烘 1 h)→取出后冷却称重,计算水分值(S_1)。然后立即将这 2 个半干样品分别磨碎,并将磨碎物各取 1 份样品→按低恒温烘干法或高温烘干法,第二次测定水分值(S_2)→按下列计算样品水分含量。

$$样品水分 = (S_1 + S_2 - S_1 × S_2) × 100\%$$

式中:S_1 为第一次粗大粒样品烘后失去的水分,%;S_2 为第二次磨碎样品烘后失去的水分,%。

(四)注意事项

1.草坪草水分的性质以及与水分测定的关系。草坪草水分有自由水(游离水)和束缚水(结合水)两种存在状态。由于草坪草自由水易受外界环境条件的影响,所以,在草坪草水分测定过程中,应采取一些措施尽量防止草坪草样品水分的丧失。如草坪草送验样品必须装在防湿容器中,并尽可能排除其中的空气;样品接收后立即进行样品水分检验;测定过程中的取样、磨碎和称重需操作迅速;避免样品磨碎时的水分蒸发等。不是磨碎样品的取样与称重过程所需时间不得超过 2 min。尤其对高水分样品更应注意,否则会使样品水分测定结果偏低。如果样品接收当天不能测定,应将样品贮藏在 4～5℃的冰箱中,不能在低于 0℃的冰箱中贮存。需磨碎的高水分样品应用高水分预先烘干测试方法。草坪草样品烘干时,自由水很快蒸发,而束缚水被样品内胶体结合缓慢丧失。因此,必须适当提高温度(如130℃)或延长烘干时间才能把这种水分蒸发出来。

2.草坪草样品内含物以及与水分测定的关系。草坪草样品水分测定必须保证其自由水和束缚水全部除去,同时要尽可能减少样品中其他挥发性物质的损失,应注意烘干温度和时间。草坪草样品内含物与其水分测定存在密切关系。

(1)样品化合水(组织水)通常是指将样品有机物分解产生的水分,其在样品中并不以水分子形式存在,而是样品中某些化合物的组成部分(如样品内糖类中的 H 和 O 元素),失掉这种水分,化合物就会分解变质。样品检验的水分测定用103℃低温烘干法时,其化合水不会受影响;应用 130～133℃高温烘干法时,如果时间过长(＞1 h),或温度过高(＞133℃),样品中含化合水的有机物就会被分解,使样品烘成焦黄色并分解释放出化合水,使样品水分测定结果偏高。因此,采用高温烘干法时,必须严格掌握规定的温度和时间。

（2）如果有些草坪草样品含有较高的油分，油分沸点较低，尤其是芳香油含量较高的样品，当温度过高就易发挥，烘后失重增加，测定的样品水分结果就会偏高。所以这类样品应采用103℃低恒温法测定。

（3）草坪草水分测定的仪器测定法的具体操作步骤要严格按照所用水分测定仪的说明书操作。

五、作业与思考题

1. 简述草坪草水分测定的作用及其烘干减重法的原理？

2. 总结低温法、高温法、预烘法测定草坪草水分的操作要点及注意事项。

3. 现有 1 份高水分草坪草送验样品，第一次取整粒试样 25.00 g，预烘后为 23.27 g，磨碎；第 2 次取磨碎试样 5.000 g，烘后重量为 4.355 g。求该草坪草样品的水分含量？

4. 草坪草高水分样品预先烘干法的样品水分含量计算，为何不能将第一次粗大粒样品烘后失去的水分含量（S_1）与第二次磨碎样品烘后失去的水分含量（S_2）直接相加？

5. 如何计算草坪草新鲜样品中的干物质含量？

6. 综合邻组草坪草样品水分含量测定实验结果，比较相同实验材料产生误差的原因，以及不同草坪草种及其品种的不同生育期的含水量变化情况。

实验五 草坪土壤样品采集与处理

一、实验目的

采集和处理土壤样品主要用于草坪土壤分析。土壤分析的目的是为了进一步了解土壤的组成及性质,为改土、施肥和建植均匀美观的高质量草坪提供科学依据。土壤分析必须能够正确反映所分析土壤的真实特征,为此,除了要考虑采样分析项目的选择和分析方法的可靠性外,土壤样品的采集、处理就成为土壤分析研究的关键环节,是关系到分析结果是否正确可靠的先决条件。所以,土壤样品的正确采集与处理是一项十分细致和重要的工作。本次实验要求同学们掌握土壤样品采集、处理的基本步骤与方法。

二、实验原理

分析测定时使用的是土壤样品,通过样品的分析,达到揭示土壤总体性质的目的。因此,分析用的土样必须能正确反映土壤的实际情况。由于土壤在自然状态及在人为利用条件下都是不均匀的,要求土壤采样时必须经过选择而具有代表性,减少误差。土样处理,应根据分析项目的不同要求而采用不同的方法。每一份土样的各部分必须是拌和均匀的。在样品的处理和保存中,应绝对避免造成发霉或由空气中的 NH_3、SO_2、Cl_2、灰尘等造成的污染。

三、实验材料与用具

(一)实验材料

计划建植草坪的地块土壤。

(二)实验用具

分组准备实验用具,每组需准备的采样工具有:铁锹、小土铲、卷尺各 1 把,环刀 1 套,布袋或塑料袋、剖面记载簿或记录表格、铅笔、记号笔、标签、土样保存盒若干。土样处理的工具有:木盘或木板(数量依需要风干土样的多少而定)、木制或塑料直尺1把、圆木棒1根、土壤筛1套、电子天平或分析天平、广口瓶、油布、土壤研钵、标签纸、土壤勺、记录笔等。

四、实验步骤与方法

(一)土壤样品的采集

土壤采样最基本的要求是具有代表性。但代表性的具体要求,应根据实验和研究目的的不同而有所区别。

1.土壤剖面样品采集:分析土壤基本理化性质,必须按土壤发生层次采样。在建设面积较大、土壤条件差别明显的草坪时,如高尔夫球场、运动场、广场草坪等,应在场地的代表性部位采集剖面样品。具体做法是选择好挖掘土壤剖面的位置后,先挖一个1 m×1.5 m(或1 m×2 m)的长方形土坑,把长方形较窄的向阳面作为观察面,把挖出的土壤放在土坑两侧,土坑的深度根据具体情况确定,一般要求在1～2 m。然后根据土壤剖面的颜色、结构、质地、松紧度、湿度、植物根系分布等,自上而下划分土层,进行仔细观察,描述记载,将剖面形态特征逐一记入剖面记载簿内,作为草坪建植和管理的基础依据,也可作为分析结果审查时的参考。

观察记载后,自下而上逐层采集分析样品,通常采集各发生土层中部位置的土壤,而不是整个发生层都采。切记不可自上而下采样,以免上层土壤对下层土壤造成污染。采样时要直接将样品放入布袋或塑料袋内。一般采集土样1 kg左右,在土袋的内外应附上标签,写明采集地点、剖面号、土层厚度、采样日期和采样人。

2.土壤物理性质样品采集:进行土壤物理性质的测定,须采原状样品。如果测定土壤容量和孔隙度等物理性质,直接用环刀在各土层中部取样。对于研究土壤结构的样品,采样时须注意土壤湿度,不宜过干或过湿,最好在不粘铁铲的情况下采取。在取样过程中,保持土块不受挤压,不使样品变形,并需剥去土块外面直接与铁铲接触而变形的部分,保留原状土样,然后将样品置于不怕挤压的盒中保存,携回室内进行处理。

3.土壤盐分动态样品采集:研究盐分在剖面中的分布和变动时不必按发生层次采样,而是自地表起每隔10 cm或20 cm采集一个样品。

4.坪床土壤混合样品采集:多数草坪草根系分布较浅,坪床土壤是实验研究的重点。为了研究草坪生长期内坪床土壤中养分供求情况,采样一般不需挖土坑,只需取坪床20 cm左右深度的土壤,最多达到犁底层。对根系较深的草种,土壤采样可适当增加深度。为了正确反映土壤养分动态和草坪长势间的关系,可根据试验区的面积确定采样点的多少,通常为5～20个点,采用蛇形取样方法进行采样。每个点上采集的样品集中起来混合均匀。面积大的草坪土壤,可根据需要分成几个地段,在地段内采集混合样品。

(二)土壤样品的数量

采来的土壤样品如果数量太多,可用四分法将多余的土壤弃去,一般1 kg左右的土壤样品即够供化学、物理分析之用。四分法的方法是把采集的土壤样品弄碎混合并铺成四方形,划分对角线分成4份,弃去对角的2份,把剩下的2份并成1份,如果所得的样品仍然很多,再用四分法处理,直到所需数量为止。

(三)土壤样品的处理

对于采来的土样,应及时进行风干,以免发霉引起性质的改变。方法是将土壤样品弄成碎块平铺在干净的纸上,堆成薄层放于室内阴凉风干,并经常翻动,加速干燥。切忌阳光直接暴晒或在有盐碱的环境中风干。风干后的土样再进行磨细过筛处理。

进行物理分析时,取风干土100～200 g,放在油布上用圆木棍反复碾碎,使全部土壤过筛。留在筛上的碎石称重后保存,以备称重计算之用,同时将过筛的土样称重,以计算碎石百分含量,然后将土样混匀后盛于广口瓶内,作为土壤颗粒分析及其他物理性质测定之用。若在土壤中有铁锰结核、石灰结核、铁子或半风化体等物质,绝不能用木棒碾碎,应细心拣出称重、保存。

化学分析时,取风干样品1份,仔细挑去石块、动植物残体及各种新生体和侵入体,用圆木棒将土样碾碎,使全部土样通过18号筛(1 mm)。直径大于1 mm的石块等不必研碎,需筛出弃去。这种土样可供速效性养分及交换性能、pH等项目的测定。分析有机质、全氮等项目时,可取一部分已通过18号筛的土样进一步研磨,并使之完全通过100号筛(0.14 mm)。如用酸溶法分析全钾、全氮等项目时,必须对土样研磨,全部通过140～170号筛备用。研磨过筛后的样品混匀后,即可装瓶或装袋,内外均附上标签,注明号码、土样名称、采样地点、部位、时间、采集和处理人、过筛孔径等,保存在阴凉、干燥处备用。

五、作业

1.每组采1份土样,按要求进行处理、保存,待以后分析时使用。

2.通过实验回答,处理土样时若不用圆木棒先碾碎土壤,而直接在磁研钵中研磨行不行?为什么?

实验六　草坪土壤主要物理性状测定

一、土壤坚实度测定

(一)实验目的

土壤坚实度是土壤对外界垂直穿透力的反抗力,这种反抗力的大小反映了土壤孔隙状况及土间结持力的大小。土壤坚实度直接关系到耕作阻力、草坪草出苗及根系生长发育,对土壤水分入渗、保持和供应,土壤通气性也有影响,同时间接影响土壤养分的转换、运输和土壤热特性,因此测定土壤坚实度对于了解土壤肥力状况非常重要。

(二)实验仪器

测定土壤坚实度的仪器为土壤坚实度计,仪器由探头、挡土板、弹簧、具有刻度的套筒和指示游标组成(图 2-2)。

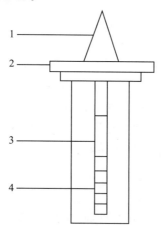

图 2-2　土壤坚实度计
1.探头　2.挡土板　3.游标　4.弹簧

(三)实验步骤

1. 根据土壤气孔选用适合的弹簧和探头,安装好仪器后,检查仪器标尺,在弹簧未受压条件下,读数为零。

2. 选好测点,清除土面上的石砾,把仪器平置土面上,一手握住仪器外壳,用垂直土面的力把仪器压向土面,使探头入土直至外壳下端的挡土板恰好与土面接触。

3. 读取标尺所指的入土深度值,求得土壤坚实度或土壤硬度。

二、土壤孔隙度测定

(一)实验目的

土壤孔隙度是指单位容积土壤中,孔隙容积占土壤容积的百分数,它直接关系到土壤的通气性,是土壤的主要物理特性之一。

(二)实验用具

瓷盘、采土环刀、铁锹、铝盒、滤纸。

(三)实验步骤

1. 总孔隙度的计算。土壤总孔隙度一般不直接测定,而是先测定土壤的容重和密度,然后根据容重、密度进行计算。

$$P_t = \left(1 - \frac{\rho_b}{\rho_s}\right) \times 100\%$$

式中:P_t 为土壤总孔隙度,%;ρ_b 为土壤容重,g/cm^3;ρ_s 为土壤密度,g/cm^3。

2. 毛管孔隙度的测定。

(1)将环刀擦净后,套上环刀套筒,放在欲测土层上,轻轻把环刀打入土中,待环刀套筒与土面相平时为止。

(2)用铁锹将环刀取出,除去周围土壤,取下环刀套筒,细心地用小刀修平环刀两端的土壤,盖上环刀盖(一端为带孔的盖子,并垫有滤纸),装入木箱带回室内。

(3)打开环刀盖子,将有孔且垫有滤纸的一端置于盛有薄层水的瓷盘中,让其借土壤毛管力将水分吸入土体中。吸水时间一般沙性土需 4~6 h,黏性土需 8~12 h。

(4)浸入水中的环刀到达预定时间后,由于吸水,必然发生膨胀,其体积会超出环刀,此时,须把超出部分的土壤用小刀小心地切除干净,立即称重。然后将环刀再放入薄层水中,沙土 2 h,黏土 4 h 后再称重。如果 2 次重量无明显差异,即从环刀中自上而下均匀取出部分样品,放入铝盒中,测定含水量,计算环刀中烘干样品

重及土壤保持的水分重量,按下式计算毛管孔隙度:

$$P_c = \frac{W}{V} \times 100\%$$

式中:P_c 为毛管孔隙度,%;W 为环刀内土壤保持的水分,相当于水的体积,cm³;V 为环刀容积,cm³。

此法计算的毛管孔隙度包括无效孔隙,如不包括,则可按下式计算:

毛管孔隙度(%)=[田间持水量(%)−凋萎系数(%)]×土壤容重

3.非毛管孔隙度的计算。

$$P_n = P_t - P_c$$

式中:P_n 为非毛管孔隙度,%;P_t 为土壤总孔隙度,%;P_c 为毛管孔隙度,%。

三、土壤田间持水量测定——铁框法

(一)实验目的

土壤田间持水量与土壤保水、供水能力关系十分密切,为土壤保存有效水上限,因此生产上用它来确定灌水量。

(二)实验器具

铁框或木框(1 m×1 m,高 20～25 cm)、水桶、铝盒、土钻、铁锹、烘箱、天平。

(三)实验步骤

1.准备土地。平整 2 m×2 m 的土地,在四周修筑高 15 cm、厚 30 cm 的土埂,中间放木框或铁框(入土 7～10 cm)。

2.计算灌水量。一般灌水量按 50～100 cm 土层计算,在已知土壤含水量、容重、密度和孔隙度数据后,计算土壤达到水分饱和时需要补充的水量。为使灌水能达到预定深度,实际灌水量应大于理论灌水量的 1.5 倍。

3.灌水。先往框外保护区内灌水,随后再向框内灌水。内外水层均保持 5 cm,直至水分全部渗入土层为止。为避免水分沿裂隙直入土中,应先灌入计划水量的 1/3～1/2,盖上干草 1 d 后,再灌其余的水量。

4.测含水量。灌水后,用干草盖严土表,以防地表土壤水分蒸发,经过一定时间后(沙性土 1 昼夜,黏性土 2 昼夜),待排除重力水后,用土钻从中间小铁框内按规定土层(每隔 10 cm)取土 10～20 g,用烘干法测定含水量,即得土壤田间持水量。

四、田间土壤渗透系数测定

(一)实验目的

土壤渗透系数是研究土壤水分运动规律的重要参数,在灌溉排水、水土保持工作中都有重要应用价值。

(二)实验仪器设备

渗透筒:铁制圆柱形筒,横截面积为 1 000 cm²,内径 358 mm,高 350 mm;量筒(500 mL、1 000 mL 各 1 个);直尺;0~50℃温度计;钟表。

(三)实验步骤

选择具有代表性的地段,布置一块约 1 m² 的圆形(直径约 113 cm)的试验地块,将其周围筑以土埂,埂高 30 cm,顶宽 20 cm,并捣实。渗透筒置于中央,用小刀在筒周围向外挖宽 2~3 cm、深 15~20 cm 的小沟,使筒深深嵌入土中。插好后,把土壤填入筒内并捣实,防止水分沿筒壁渗漏损失。筒内为试验区,筒外为保护区。

在筒内外各插入直尺,以便观察水层厚度。水层厚度均保持 5 cm,先在外部保护区迅速灌水,并立即把相当于 5 cm 深水层的水倒入筒内,尽快倒到预期的水层厚度。为防止冲刷土表,可在土表覆盖干草。

为了便于换算成 10℃时的渗透系数,在筒内插入温度计,读取测定时的温度。当筒内灌水到 5 cm 高时,应立即计时,每隔一定时间进行一次水层下降的读数,准确到 mm。读数后立即加水至原来 5 cm 高度处,每次加入水量应记录,并随时记录加水温度。第一次读数和加水应在计时后 2 min,3 min 后读第二次,以后每隔5~10 min 读一次。如果渗水很慢,则可隔 30 min 或 1 h 进行一次。直至各段间隔时间内的数值基本无差异,试验结束。

(四)结果计算

1. 渗入单位面积水总量 Q

$$Q(\text{mm}) = \frac{(Q_1 + Q_2 + \cdots + Q_n) \times 10}{S}$$

式中 $Q_1, Q_2, \cdots, Q_n$ 为每次加水量,mL;S 为渗透筒截面积,cm²;10 为 cm 换算 mm 的系数。

2.渗透速度 V

$$V(\text{mm/min}) = \frac{Q_n \times 10}{t_n \times S}$$

式中:Q_n 为间隔时间内灌水量,mL;t_n 为所间隔时间,min。

3.渗透系数 K

$$K(\text{mm/min}) = \frac{Q_n \times 10}{t_n \times S} \times \frac{L}{h}$$

式中:L 为渗透筒插入土层的深度,cm;h 为试验时保持的水层厚度,cm。

4.不同温度下渗透系数换算方法

$$K_{10} = \frac{K_t}{0.7 + 0.03t}$$

式中:K_{10} 为 10℃渗透系数;K_t 为温度 t 时的渗透系数;t 为测定时的温度,℃。

五、作业

1.用土壤坚实度计在同一地块上多次测定土壤坚实度,比较每次读数的差异,讨论如何消除误差。

2.分组测定土壤孔隙度,比较各组的测定结果。

3.分组在同一块地测定土壤田间持水量和土壤渗透系数,比较两组结果,分析产生误差的原因。

实验七 草坪土壤主要化学性质测定

一、土壤有机质分析——$K_2Cr_2O_7$容量法

(一)实验目的

土壤有机质是土壤固相的重要组成部分,它不仅为作物生长提供所需的各种营养元素,同时对土壤结构的形成、改善土壤物理性状有决定性的作用,是土壤肥力和草坪良好生长的基础。土壤有机质含量是土壤肥力状况的重要指标。本实验的主要目的是掌握土壤有机质含量测定的原理和方法。

(二)实验原理

土壤中有机碳在一定温度下被氧化剂$K_2Cr_2O_7$氧化产生CO_2:

$$2K_2Cr_2O_7 + 3C + 8H_2SO_4 \rightarrow 2K_2SO_4 + 2Cr_2(SO_4)_3 + 3CO_2 \uparrow + 8H_2O$$

剩余的Cr^{6+}用$FeSO_4$滴定,由此计算出氧化土壤有机质所消耗的Cr^{6+},进而推算土壤有机质含量。

$$K_2Cr_2O_7 + 6FeSO_4 + 7H_2SO_4 \rightarrow Cr_2(SO_4)_3 + 3Fe_2(SO_4)_3 + K_2SO_4 + 7H_2O$$

(三)实验仪器与试剂

1.实验仪器。分析天平、小漏斗($\phi 2.5$ cm)、250 mL三角瓶、油浴锅或调温电热浴、硬质试管、250℃温度计、电炉、洗瓶、角匙、长条蜡光纸、滤纸、滴定管、滴定台架。

2.试剂。

(1)0.8 mol/L $K_2Cr_2O_7$的标准溶液:称取分析纯$K_2Cr_2O_7$ 39.2245 g加400 mL蒸馏水,加热溶解,冷却后定容至1 L。

(2)0.2 mol/L的$FeSO_4$溶液:称取化学纯硫酸亚铁($FeSO_4 \cdot 7H_2O$)56.0 g溶于蒸馏水中,加入15 mL相对密度为1.84的化学纯H_2SO_4,用水定容至1 L。

(3)邻啡罗啉指示剂:1.485 g邻啡罗啉($C_{12}H_8N_2 \cdot H_2O$)与0.695 g硫酸亚

铁($FeSO_4 \cdot 7H_2O$)溶于 100 mL 水中,贮于棕色瓶中。

(四)实验步骤与方法

1. 在分析天平上称取过 0.25 mm 筛的土壤样品 0.1～0.5 g 两份。

2. 把样品用长条蜡光纸倾于干的硬质试管(或三角瓶)底部,加粉末状的 $AgSO_4$ 0.1 g(因土壤中含有氯化物),准确加入 5 mL $K_2Cr_2O_7$ 的标准溶液,5 mL 相对密度为 1.84 的化学纯 H_2SO_4,充分摇匀,放上小漏斗。

3. 将试管放入 170～180℃的油浴锅中(或将三角瓶放在 220～230℃的电热浴上),待溶液微沸开始计时,消煮 5 min。

4. 取出试管(三角瓶),冷却并擦净管外油液,将管内液体转入 250 mL 三角瓶中,并用蒸馏水冲洗试管,洗液一并转入三角瓶中,瓶中液体总体积控制在 60～80 mL。此时液体呈橙绿色或黄绿色,若呈纯绿色,说明 $K_2Cr_2O_7$ 的量不足以全部氧化有机碳,需要重做。

5. 向三角瓶中加入 5 滴邻啡罗啉指示剂,摇匀,用 $FeSO_4$ 溶液滴定,溶液颜色由橙黄经绿色变为棕红色即为滴定终点。在每一批样品测定的同时,应同时做 2～3 个空白,以纯砂代替土壤,其他步骤与土壤测定相同。如果试样滴定所用的 $FeSO_4$ 溶液的体积不足空白的 1/3,应减少土壤称重量重做。

6. 结果计算:

$$Q_M = \frac{\dfrac{c \times V}{V_0} \times (V_0 - V_1) \times M \times 1.08 \times 1.724}{m}$$

式中:Q_M 为土壤有机质含量,mg/kg;c 为 $K_2Cr_2O_7$ 标准溶液的浓度,mol/L;V 为加入 $K_2Cr_2O_7$ 的标准溶液的体积,mL;V_0 为空白标定用去 $FeSO_4$ 溶液的体积,mL;V_1 为滴定土样用去 $FeSO_4$ 溶液的体积,mL;M 为 1/4C 的摩尔质量,$M(1/4C) = 3$ g/mol;m 为烘干土样质量,g;1.08 为氧化校正系数(按平均回收率 92.6% 计算)。

(五)作业

完成 3 个以上土样的有机质分析,并计算出结果。

二、土壤 pH 测定——电位法

(一)实验目的

土壤 pH 是表示土壤酸碱度的关键指标,是土壤的基本性质,也是影响土壤肥力的因素之一。土壤矿物质的溶解、土壤有机质的分解与转化、土壤微生物活力的强弱、植物对养分的吸收,直接与土壤 pH 有关。测定土壤 pH 主要是为了了解土壤的酸碱度状况。

(二)实验原理

以 pH 玻璃电极为指示电极,甘汞电极为参比电极,当插入土壤浸出液或土壤悬液时,构成一电极反应,两者之间产生一个电位差。由于参比电极的电位是固定的,因此电位差的大小取决于溶液中 H^+ 活度,而 H^+ 活度的负对数即为 pH,因此可用酸度计测定 pH。

(三)实验仪器与试剂

1.仪器。pH 计或酸度计、玻璃电极、饱和甘汞电极或复合电极。

2.试剂。

(1)pH 4.01 标准缓冲液:称取在 105℃下烘干的邻苯二甲酸氢钾($KHC_8H_4O_4$,分析纯)10.21 g,溶于水后定容至 1 L。

(2)pH 6.87 标准缓冲液:称取在 50℃下烘干的磷酸二氢钾(KH_2PO_4,分析纯)3.39 g 和无水磷酸氢二钠(Na_2HPO_4,分析纯)3.53 g,溶于水后定容至 1 L。

(3)pH9.18 标准缓冲液:称取 3.80 g 硼砂($Na_2B_4O_7 \cdot 10H_2O$,分析纯)溶于无 CO_2 的冷水中,定容至 1 L。

(4)0.01 mol·L $CaCl_2$ 溶液:称取 147.02 g 化学纯 $CaCl_2 \cdot 2H_2O$ 溶于 200 mL 水中,定容至 1 L。吸取 10 mL 放于 500 mL 烧杯中,加水 400 mL,用少量 $Ca(OH)_2$ 或 HCl 调节 pH 为 6 左右,定容至 1 L。

(四)实验步骤与方法

1.待测液的制备。称取过 2 mm 筛的风干土样 10 g 放于 50 mL 烧杯中,加入 25 mL 无 CO_2 的蒸馏水,用玻璃棒剧烈搅拌 1～2 min,静置 30 min 使之澄清。此时应避免空气中 NH_4^+ 或挥发性酸气体的影响。

2.仪器校正。用与土壤 pH 接近的缓冲液校正仪器,然后移出电极,用水冲洗、滤纸吸干后待用。

3.测定。将玻璃电极的球泡浸入待测土样的下部悬浊液中,轻轻摇匀,然后将饱和甘汞电极插入上部清液中,待读数稳定后,记录待测液 pH。每个样品测完后,用蒸馏水冲洗电极并用滤纸吸干再测下一个样品。

三、土壤可溶性盐(EC)分析——电导法

(一)实验目的

全世界盐渍土地面积 9.5×10^8 hm²,我国盐渍土总面积 9.9×10^7 hm²。在草坪建植中,盐渍土是导致建坪失败的主要原因之一。因此,分析土壤可溶性盐,对合理利用、改良和开发盐渍土地资源具有极其重要的意义。

土壤可溶性盐分析一般包括可溶性盐总量、阴离子(CO_3^{2-},HCO_3^-,Cl^-,SO_4^{2-})和阳离子(Na^+,K^+,Ca^{2+},Mg^{2+})的分析。在草坪建植中主要涉及土壤可溶性盐总量的分析。

(二)实验原理

土壤中可溶性盐属强电解质,其溶液具有导电性,导电能力的强弱用电导率表示。在一定浓度范围内,溶液的含盐量与电导率呈正相关,因此,土壤浸出液电导率的数值可反映土壤含盐量高低,但不能反映土壤盐分组成。

(三)实验仪器与试剂

1.仪器。电导仪、铂电极、铂黑电导电极。

2.试剂。0.02 mol/L KCl 溶液(取 105℃烘干 4～6 h 的 KCl 1.491 0 g 溶于少量无 CO_2 的水中,移入 1 L 容量瓶定容)。

(四)实验步骤与方法

1.土壤浸出液制备。称取过 2 mm 筛孔的风干土样 100 g,放入 1 000 mL 大口振荡瓶中,加入 500 mL 无 CO_2 蒸馏水;将瓶口用橡皮塞塞紧,在往复式振荡机(150～180 次/ min)上振荡 5 min;立即抽气(漏斗)过滤,直至滤清为止。滤液用 500 mL 三角瓶加塞贮存。离子测定应立即进行,以免浸出液发生变化。

2.测定。将待测液盛于小烧杯中,用少量待测液冲洗电极 2～3 次,将电极插入待测液中,按仪器说明书调节仪器,待仪器指针稳定后,记录电导仪读数,然后取出电极,用水冲洗,用滤纸吸干,准备下一个样品的测定。

3.测液温。测定时需要随时测量溶液的温度,如果连续测一批样品时,应隔 10 min 测一次液温。

4.结果计算。

$$y = S \times f_t \times K$$

式中:y 为电导率;S 为电导仪读数;K 为电极常数;f_t 为温度系数。由电导率可从

盐分标准曲线中查找土壤含盐量。

四、作业

1. 分组完成同一批次土样的有机质分析,计算出结果,进行组间比较。
2. 分组测定土样 pH,再用普通 pH 试纸检验,把两种结果进行对照。
3. 分组测定同一块土样的含盐量,比较分析各组结果间的差别。

实验八 草坪土壤速效养分测定

一、土壤水解性 N 的测定——碱解扩散法

(一)实验目的

N 是植物最重要的营养元素之一,土壤中的 N 贮量是衡量土壤潜在肥力水平高低的主要指标。对草坪土壤进行评价和拟订改良方案时,土壤 N 含量是必需的参考因素之一。预测和了解土壤 N 的状况,不仅可以作为施用 N 肥的依据,而且可以作为判断土壤肥力状况的重要指标。

(二)实验原理

在扩散皿中,土壤于碱性条件下和硫酸亚铁进行水解还原,使易水解态 N 和硝态 N 转化为氨并扩散,被 H_3BO_3 溶液所吸收。H_3BO_3 溶液吸收液中的氨再用标准酸滴定,由此计算碱解 N 的含量。

(三)实验仪器与试剂

1.仪器。扩散皿、半微量滴定管(5 mL)、恒温箱。

2.试剂。

(1)1 mol/L NaOH 溶液:40 g NaOH(化学纯)溶于水,冷却后,稀释至 1 L。

(2)20 g/L 硼酸(H_3BO_3)指示剂溶液:配制方法同上。

(3)0.01 mol/L H_2SO_4 标准溶液:用移液管吸取 0.1 mol/L H_2SO_4 标准液 100 mL 于 1 000 mL 容量瓶中,加水至刻度。

(4)碱性胶液:将 40 g 阿拉伯胶和 50 mL 水在烧杯中温热至 70~80℃,搅拌促溶,冷却约 1 h 后,加入 20 mL 饱和 K_2CO_3 水溶液,搅匀,冷却。离心除去泡沫和不溶物,将上清液贮存于玻璃瓶中备用。

(5)$FeSO_4$ 粉末:将 $FeSO_4 \cdot 7H_2O$ 磨细,装入密闭瓶中,存于阴凉处。

四、实验步骤与方法

1. 称取过 2 mm 筛的风干土样 2 g，置于扩散皿的外室，加入 0.2 g $FeSO_4$ 粉末，轻轻旋转扩散皿，使土壤均匀地铺平。

2. 取 2 mL H_3BO_3 指示剂溶液放于扩散皿内室。

3. 在扩散皿外室边缘涂上碱性胶液，盖上毛玻璃，旋转数次，使皿边与毛玻璃完全黏合。

4. 渐渐转开毛玻璃一边，使扩散皿外室露出一条狭缝，迅速加入 10 mL NaOH 溶液，立即盖严，再用橡皮筋扎紧，使毛玻璃固定，轻轻摇动扩散皿，使碱液与土壤混合。

5. 把扩散皿放入 40℃±1℃ 恒温箱中，碱解扩散 24 h±0.5 h 后取出。

6. 用 H_2SO_4 标准溶液滴定内室吸收液中的 NH_3。溶液由蓝色变为微红色为滴定终点。

7. 同时进行空白试验。

8. 结果计算

$$N(\text{mg/kg}) = \frac{(V-V_0) \times c \times M}{m} \times 1\,000$$

式中：V 为测样滴定体积，mL；V_0 为空白试验滴定体积，mL；c 为标准液的浓度，mol/L；M 为 N 的摩尔质量 $[M(N) = 14 \text{ g/mol}]$；$m$ 为土样质量，g。

二、土壤速效 P 的测定——$NaHCO_3$ 法

(一)实验目的

土壤速效 P 是指土壤中能被草坪吸收的 P。人们采用化学方法，根据不同土壤中 P 的形态模拟植物根系吸收 P 的能力，对不同的土壤选用不同的化学浸提剂，把土壤中的速效 P 浸提出来，用化学方法进行定量测定，观测了解土壤速效 P 状况，为科学施肥提供依据。

(二)实验原理

$NaHCO_3$ 溶液提取土壤速效 P，在石灰性土壤中，提取液中的 HCO_3^- 可与土壤溶液中的 Ca^{2+} 形成 $CaCO_3$ 沉淀，从而降低了 Ca^{2+} 的活度而使某些活性较大的 Ca-P 被浸提出来。在酸性土壤中，因 pH 提高而使 Fe-P、Al-P 水解而部分被提取。在浸提液中由于 Ca、Fe、Al 的浓度较低，不会产生 P 的再沉淀。

(三)实验仪器与试剂

1.仪器。往复式振荡机、分光光度计或光电比色计、1/10 000天平、1/100天平。

2.试剂。

(1)0.5 mol/L NaHCO₃浸提液:将42.0 g NaHCO₃(分析纯)溶于约800 mL水中,稀释至990 mL,用4.0 mol/L NaOH调节pH至8.5,最后稀释至1 L,保存在塑料瓶中,但不宜长期保存。

(2)无P活性C粉:将C粉先用1∶1 HCl浸泡过夜,然后在平板漏斗上抽气过滤,水洗到无Cl⁻为止。再用NaHCO₃浸提液浸泡过夜,在平板漏斗上抽气过滤,用水洗去NaHCO₃,最后检查到无P为止,烘干备用。

(3)二硝基酚指示剂:配制方法为取0.25 g 2,6-二硝基苯酚或2,4-二硝基苯酚$[C_6H_3OH(NO_2)_2]$溶于100 mL水中。

(4)0.50 mol/L H_2SO_4溶液:在80 mL水中缓缓加入3 mL浓H_2SO_4,边加边搅拌,待冷却后,定容至100 mL。

(5)2 mol/L NaOH溶液:将8 g NaOH(化学纯)溶于水,冷却后,稀释至100 mL。

(6)钼锑贮存溶液:将153 mL浓H_2SO_4缓缓倒入400 mL水中,同时搅拌,放置冷却。另取10 g钼酸铵$[(NH_4)_6Mo_7O_{24} \cdot 4H_2O]$,分析纯,溶于300 mL约60℃的水中,冷却。将配好的H_2SO_4溶液缓缓倒入到钼酸铵溶液中,同时搅拌。随后加入5 g/L酒石酸锑钾$(KSbOC_4H_4O_6 \cdot 1/2H_2O)$100 mL,最后用水稀释至1 000 mL,避光贮存。

(7)钼锑抗显色剂:1.5 g抗坏血酸$(C_6H_8O_6$,左旋,旋光度+21°~+22°,分析纯)加入100 mL钼锑贮存液中。此试剂有效期为24 h,宜用前配制。

(8)磷标准溶液:准确称取105℃烘干的$KH_2PO_4$0.219 5 g,溶于400 mL水中,加浓$H_2SO_4$5 mL,定容至1 L。该液为50 mg/L的磷标准溶液,可长期保存。吸取上述标准液25 mL,稀释至250 mL,即为5 mg/L的磷标准溶液,此液不宜久存。

(四)实验步骤

1.称取过2 mm筛的风干土样5 g,置于250 mL三角瓶中。

2.向三角瓶中加入1小匙无P活性炭粉和100 mL NaHCO₃浸提液。

3.在20~25℃下振荡30 min。

4.用干燥漏斗和无P滤纸过滤至三角瓶中。

5.同时做空白试验。

6.吸取浸出液 10~20 mL 于 50 mL 容量瓶中,加二硝基酚指示剂 2 滴,用稀 H_2SO_4 和稀 NaOH 调节 pH 至溶液微黄。

7.CO_2 完全放出后,用钼锑抗比色法测定。

8.结果计算

$$\omega(P) = \frac{pVt_s}{m}$$

式中:$\omega(P)$ 为土壤全 P 含量,mg/kg;p 为从工作曲线中查得显色液中 P 的浓度,mg/L;V 为显色液体积,mL;t_s 为分取倍数;m 为土壤质量,g。

三、土壤速效 K 测定——乙酸铵提取法

(一)实验目的

土壤中交换性 K 和水溶性 K 可以直接被作物吸收利用,称为速效 K,其含量是反映 K 肥肥效的指标之一,也是制订施肥计划的重要依据。

(二)实验原理

中性乙酸铵与土壤样品混合后,溶液中的 NH_4^+ 与土壤颗粒表面的 K^+ 进行交换,取代下的 K^+ 和水溶性 K^+ 一起进入溶液,溶液中的 K 可直接用火焰光度计测定。

(三)实验仪器和试剂

1.仪器。振荡机、火焰光度计。

2.试剂。

(1)1 mol/L 乙酸铵溶液:将 77.08 g NH_4OAc 溶于近 1 L 水中,用 HOAc 或 $NH_3 \cdot H_2O$ 调至 pH 7.0,定容。

(2)K 标准液:吸取 100 mg/L K 溶液 2 mL、5 mL、10 mL、20 mL、30 mL、40 mL 分别放入 100 mL 容量瓶中,乙酸铵溶液定容至 100 mL,即为 2 mg/L、5 mg/L、10 mg/L、20 mg/L、30 mg/L、40 mg/L 的 K 标准液。

(四)实验步骤

1.称取过 2 mm 筛的风干土样 5.0 g 盛于 200 mL 塑料瓶中。

2.加乙酸铵溶液 50.0 mL,用橡皮塞塞紧。

3.在振荡机上以 120 次/min 的速度振荡 30 min。

4.用干滤纸过滤悬浮液,滤液直接用火焰光度计测定。

5.结果计算：

$$\omega(K) = \frac{p \times V \times t_s}{m}$$

式中：$\omega(K)$为硝酸提取 K 含量，mg/kg；p 为从工作曲线中查得显色液中 K 的浓度，mg/L；V 为显色液体积，mL，本例中为 50 mL；t_s 为分取倍数；m 为土样质量，g。

四、作业

全班分为 6 组，每组平均完成一个实验，分组测定同一土壤样品的水解 N、速效 P、速效 K，比较测定结果。

实验九 草坪草越冬率和越夏率的测定

一、实验目的

草坪草分为暖地型与冷地型两大类,在亚热带及以北地区的冬季,会有耐寒性和越冬的问题,在夏季,会有与高温、干旱、病害等现象结合在一起的度夏问题。耐寒性是草坪草对低温的适应和抵抗能力,包括对零下低温的抗冻和零上低温的抗冷能力。草坪草育种时,在北方,要考察抗冻能力,在南方,冷害以及伴随冷害而来的病害是致命的因素。虽然两种耐寒性的机理不尽一致,越冬率都是最主要的参考指标。在南北转型带(北纬 37°线约 300 km 宽的地带)及其以南的亚热带地区,冷地型草坪草能否安全越夏,是推广利用的主要限制因素。越夏率高的冷地型草种的选育成功,比起采用虽耐寒却必然在秋季转黄的暖地型草种,可以形成更漂亮的四季常绿草坪。因此,草坪草的越冬率和越夏率的测定,是草坪草育种者常用的技术。

二、实验材料与用具

(一)实验材料

草坪草种子和种苗。

(二)实验用具

剪草机、密度测定器、直尺、0.1 m² 样方框、铁锹、小铲等。

三、草坪草越冬率和冷地型草坪草越夏率的测定

(一)试验设计

试验小区面积 1.5 m×1.5 m,3 次重复,随机区组排列。暖地型草种春播,冷地型草种秋播,在气候寒冷的地区亦可夏播或春播。播种前每平方米施用复合肥 1 kg,呋喃丹 0.02 kg(防治地下害虫),出苗后加强田间管理,清除杂草,可以适当

灌溉,同时记载灌水量。

(二)测定越冬率的方法

每小区选2~3个面积10 cm×10 cm的样方框,四周钉以木桩,做好标记。在秋季修剪一次,淋水,再生后用密度测定器测定密度。也可以用目测法确定,即根据单位面积地上部枝条的数量来测定。每个重复小区用铁锹、小铲掘出面积10 cm×10 cm、深度15~20 cm的样方,把全部植株从土壤中小心取下,用水洗净根部,计算整块样方的植株总数,然后将全部植株分成活的(已经返青)和死的(没有返青)两类,计算存活数。当春季来临,土壤解冻,草坪开始返青前后,即可到田间检查。等大部分植株长出新叶再进行第二次检查。春季检查不需要像秋季掘样本的方法,而是在田间直接检查。在选好的10 cm×10 cm样方地段上,用密度测定器测定密度;也可以用目测法确定。根据单位面积地上部枝条或叶的数量来测定,用铁锹或小铲取掉植株周围的土,露出根茎部,并使植株之间彼此分离而便于计数,存活计数方法与秋季相同。

越冬率应根据翌年春季存活株数与秋季存活株数之比率计算,例如秋季样方上存活株数有150株,翌年春季存活株数有120株,则其越冬率为80%。

(三)测定越夏率的方法

冷地型草坪的适宜生长温度是15~25℃,湿度大则易感病害,干旱加上高温时受害更深。根据亚热带的气候,夏初的5月和秋季的9月分两次测定冷地型草坪草的存活率能证明其越夏率。存活率的测定方法与越冬率的方法一致。越冬或越夏率的计算公式如下:

$$越冬(或越夏)率 = \frac{第二次测定的存活数}{第一次测定的存活数} \times 100\%$$

统计时将长出绿叶、新芽或幼芽突起,以及虽然没有幼芽萌发,但根茎部颜色正常,没有枯黄变色,根皮细嫩光滑的植株归于存活植株一类。将根茎腐烂发黑,没有新芽发生的归于死亡植株。

进行本实验时,必须密切注意当地相应季节的气象记载。

四、作业

以小组为单位,选1个10 cm×10 cm样方框面积的草坪,修剪,一周后,用铁锹、小铲掘出1个面积10 cm×10 cm、深度15~20 cm的样方,计算存活数和存活率。

实验十 草坪草开花习性的观察

一、实验目的

　　草坪草的开花习性是我们进行草皮生产、景观绿化、草坪维护、草种生产和草坪草育种必备的基本知识。观察记录草坪草的开花习性主要是为杂交育种提供依据,同时对某些草坪草的人工辅助授粉也是不可缺少的资料。

二、实验用具

　　计时用表、放大镜、镊子、剪刀、干湿球温度计、标签、记录本、铅笔、小手电筒等。

三、实验准备

(一)选好样地

　　样地要有典型性,密度适宜,草坪草生长发育良好。最好于草坪草返青或出苗后,预留出实验性观察用地。要求没有修剪,精心护理且无人畜践踏的坪田。一般在长宽 1～2 m 见方的区间内随机选 10 个花序为宜,挂好标签,写明日期。

(二)开花标准

　　1.豆科草坪草开花标准:以旗瓣向外扩展、龙骨瓣露出翼瓣之间为准。

　　2.禾本科草坪草开花标准:外稃向外开张一定角度,柱头露出,花药下垂为准。

　　3.其他科草坪草开花标准:花萼和花冠完全开放且向外展开,露出雄蕊和雌蕊为准。

(三)观察开花习性的日期

　　如果是一年生草坪草(一般很少种植)在播种当年进行观察。多年生草坪草以第二年为宜。这个时期没有修剪的草坪草生长旺盛,枝叶繁茂,开花也最为正常。

(四)气候与环境条件对草坪草开花的影响

气候与环境条件对草坪草开花有直接影响,在进行开花习性观察的同时,应进行温度和相对湿度的观测。在草坪草开花期间,天气情况与环境条件,如晴天、大风、下雨、阴天、冰雹、气旋,是否有高大屏障遮阴挡风,天气是否极端酷热冷凉等也要做记载,以便作为开花习性综合分析时的参考。

四、实验原理和实验方法

以早熟禾为例说明。

(一)花器构造

说明早熟禾的花序类型,每穗有多少轴节,每个轴节着生几个穗枝梗,每个穗枝梗有几个小穗,每个小穗有几朵小花;小花的构造如雌雄蕊数目、柱头形状和颖、稃的组成,以及授粉方式和媒介物等。

(二)花期和开花持续期

开花期一般采用整体观察,即小区内20%植株开花为初期;80%开花为盛期。在观察开花期时还要了解由出苗(或返青)至开花所需天数;由出苗(或返青)至种子成熟所需天数;由开花至种子成熟所需天数。开花持续期包括以下的观察内容:某种(或品种)草坪草的整个开花持续期,是指从实验区开始开花的第1天算起一直到开花结束为止所需的天数;一个植株的开花持续期,是指全株从开始开花到全部小花开放结束所需的天数;一个花序的开花持续期,是指一朵花序由第1朵小花开放至最后1朵小花开花结束所需的天数;1朵小花的开花持续期,是指一朵小花由开颖到闭颖所需的天数(或小时数)。不同种的草坪草或同种内不同品种的草坪草开花持续期不同,这对结实率和种子产量和种子成熟整齐性都有影响。

(三)开花顺序

草坪草开花是按一定的顺序规律进行的,如有的从花序上部依次向下开花,有的从花序中部开始开花。由于同一花序小花开放早晚的不同,因而种子成熟的也不一致,种子饱满度也有差别。

观察开花顺序一般采用图式法,即每一个所要研究的品种取10株,在抽穗以后用标签标明主茎的穗子开花模式图(图2-3)。模式图可预先根据所观察草坪草花序样式、主花序轴上小穗数、每小穗上的小花数而自行绘制。在图中自下而上可以1、2、3、…代表花序的各个小穗数,以小圆圈代表小穗上的小花。靠近穗轴的是小穗的第 1 朵花,接着是第 2 朵花,第 3 朵花……考虑到草坪草白天、夜间均有开花的可能,因此,从 0～24 时内,每隔 2 h 观察一次,并在图式上注明穗上每一朵花开放的日期和钟点。为清楚起见,可把同一天开放的小花在图上用连线接起来。开花全部结束之后,研究每一花序开花的图式,并确定它开花时间的长短以及花序上的开花顺序。

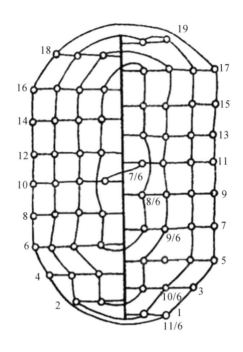

图 2-3　草坪草开花顺序示意图

(四)开花强度

开花强度反映了草坪草开花的动态,通过观察可以了解某种(或品种)草坪草开花期中哪些天开花最盛和一天中哪些时辰开花最多。调查草坪草开花达到高峰日期的方法,是选择 10 个花序,记载小花总数,然后每天观察一次,将已开的小花去掉,分别记下第 1 天,第 2 天……各天的开花数目,并将每天开花数换算成它在总数中所占的百分率。从而了解草坪草花期中哪些天开花达到高峰。如果能制成曲线图,则更为清楚。一昼夜内(0～24 时)草坪草开花的强度,反映了一天中的开花动态,对于确定杂交的时间很有帮助。方法基本同上,但需每 2 h 观察记载一次,连续几天,将结果列入表中(表 2-4,表 2-5),并绘出曲线图。

表 2-4　草坪草开花期每日的开花强度

时间 /d	花序													开花百分数
	1	2	3	4	5	6	7	8	9	10	11	12	…	
1														
2														
3														
4														
5														
⋮														

表 2-5　草坪草一昼夜内开花强度

时间 /h	花序													开花百分数
	1	2	3	4	5	6	7	8	9	10	11	12	…	
0～2														
2～4														
4～6														
6～8														
8～10														
⋮														

(五)小花开放动态

这是指小花开放过程中各个阶段形态的变化和所需的时间等。包括开颖、花药伸出、柱头外露、散粉、闭颖等过程及各阶段所需时间,开花全过程和所需时间等。详细记载上述过程并绘出开花的简图。

(六)子房膨大规律及成熟的测定

授粉后 5 d 开始,每隔 3 d 采样品 10 粒,观察其大小、颜色、形状等特征。当籽实内呈白色时为乳熟期,乳状物凝固呈现蜡状时为蜡熟期,籽实变硬、呈现正常大小,颜色呈黄色为完熟期。在观察籽实成熟的过程中,还应测定不同成熟期籽实的发芽率和千粒重。以便确定授粉后多少天种子才具有发芽能力(表 2-6)。

表 2-6　草坪草授粉后籽实发育情况

| 授粉后天数 /d | 籽实发育情况 | | | | | | | 乳熟期 | 蜡熟期 | 完熟期 |
	长度 /mm	宽度 /mm	厚度 /mm	颜色	形状	千粒重/g	发芽率/%			
5										
8										
11										
13										
⋮										

(七)结实率测定

统计每个花序开花总数和结实数,即可求出结实率。

$$结实率 = \frac{结实数}{开花数} \times 100\%$$

(八)种子落粒性的测定

观察开花结实后的草坪草穗子,考察某种(或品种)草坪草落粒性是否一致,落粒程度(这里我们用落粒率来表示)等,如是否在种子完熟后开始落粒、含青落粒或枯黄落粒、沿穗轴由上而下或由下而上落粒、不落粒或无规律性落粒、随穗整体落粒、带芒种子芒针是否脱落、落粒种子是否具有发芽能力等。

五、作业

1.请绘制出自己所观察到的草坪草的开花顺序模式图,并说明该草坪草观察期间的开花规律。

2.绘制该草坪草的某一花朵的花器构造和小花的开花动态简图,应明确反映出该草坪草花朵的开颖、花药伸出、柱头外露、散粉、闭颖等过程。

3.请结合自己所学习的专业知识,试探讨草坪草开花习性与哪些因素密切相关。

实验十一 草坪无土栽培营养液的配制

一、实验目的

通过本实验的学习,掌握无土栽培营养液的配制方法;明确各营养成分对植物体生长所起的作用及化学机能;了解一般性营养液栽培所需的材料和用具。

二、实验原理

根据土壤化学元素组成,配制含相同化学成分或更有利于草坪草生长的营养液,以达到高效建坪的目的。无土栽培营养液能提供植物生长所需的营养、水分、氧及其他所需的化学元素。

三、实验材料与用具

无土栽培所需装置主要包括栽培容器、贮液容器、营养液输排管道和循环系统。

1. 栽培容器:主要指栽培草坪草的容器,常见有较大型的无土培养池、塑料钵、瓷钵、玻璃瓶、金属钵和瓦钵等。以容器壁不渗水为好。

2. 贮液容器:包括营养液的配制和贮存用容器,常用塑料桶、木桶、搪瓷桶和混凝土池。容器的大小要根据栽培规模而定。

3. 营养液输排管道:一般采用塑料管和镀锌水管。

4. 循环系统:主要由水泵来控制,将配制好的营养液从贮液容器抽入,经过营养液输排管道,进入栽培容器。

在这里我们只是配制无土栽培所用的营养液,故只需如下用具:分析天平 1 台,小烧杯 1 个,玻璃棒 1 支,50 mL 容量瓶 1 个,1 000 mL 容量瓶 1 个,$CaSO_4 +$ $Ca(H_2PO_4)_2$、$MgSO_4$、H_2SO_4、$Fe_2(SO_4)_3$、$Na_2B_4O_7$、$CuSO_4$、$ZnSO_4$、$MnSO_4$、蒸馏水、$Ca(NO_3)_2$、KNO_3 适量。

四、实验步骤与方法

(一)消毒

对于无土栽培,植物体感染病毒的概率相对较大,细菌与病毒很容易在营养富足条件下滋生、繁殖。故配制营养液时应首先对所用的器皿进行消毒,充分洗净。方法是把器皿放到沸水中煮片刻。

(二)称量

用分析天平称取 KNO_3 542 mg、$Ca(NO_3)_2$ 96 mg、$CaSO_4 + Ca(H_2PO_4)_2$ 135 mg、$MgSO_4$ 135 mg、H_2SO_4、$Fe_2(SO_4)_3$ 14 mg、$Na_2B_4O_7$ 1.7 mg、$ZnSO_4$ 0.8 mg、$CuSO_4$ 0.6 mg、$MnSO_4$ 2 mg,分别置于 50 mL 容量瓶中稀释。把稀释的溶液用玻璃棒移至 1 000 mL 容量瓶中。对于 H_2SO_4 的选取要根据植物的耐酸或耐碱的程度适量量取。

(三)定容

把容量瓶中的溶液充分摇匀,定容,即得所需的无土栽培营养液。

五、无土栽培营养液配制注意事项

配制无土栽培营养液的肥料应以化学态为主,在水中有良好的溶解性,并能有效地被草坪草吸收利用。不能直接被吸收的有机态肥料,不宜作为草坪营养液肥料。

1.营养液是无土栽培所需矿质营养和水分的主要来源,它的组成应包含草坪所需要的全部成分,如 N、P、K、Ca、Mg、S 等大中量元素和 Fe、Mn、B、Zn、Cu 等微量元素。营养液的总浓度不宜超过 0.4%,对绝大多数植物来说,它们需要的养分浓度宜在 0.2%左右。

2.根据草坪的种类和栽培条件,确定营养液中各元素的比例,以充分发挥元素的有效性和保证草坪的均衡吸收,同时还要考虑草坪生长的不同阶段对营养元素要求的不同比例。

3.水质是决定无土栽培营养液配制的关键,所用水源应不含有害物质,不受污染,使用时应避免使用含 Na^+ 大于 50 $\mu L/L$ 和 Cl^- 大于 70 $\mu L/L$ 的水。水质过硬,应事先予以处理。

六、作业

1.配制无土栽培营养液的方法很多,实验中我们只是选取了其中的一种方法。

以下是另一种常用的营养液配方,请自行配制。

(1)大量元素:KNO_3 3 g、$Ca(NO_3)$ 5 g、$MnSO_4$ 3 g、$(NH_4)_3PO_4$ 2 g、K_2SO_4 1 g、KH_2PO_4 1 g。

(2)微量元素:(应用化学试剂)Na_2-EDTA 100 mg、$FeSO_4$ 75 mg、H_3BO_3 30 mg、$MnSO_4$ 20 mg、$ZnSO_4$ 5 mg、$CuSO_4$ 1 mg、$(NH_4)_6Mo_7O_{24} \cdot 4H_2O$ 2 mg。

(3)自来水 5 000 mL:将大量元素与微量元素分别配成溶液然后混合起来即为营养液。微量元素用量很少,不易称量,可扩大倍数配制,然后按同样比例缩小抽取其量。例如,可将微量元素扩大 100 倍称重化成溶液,然后提取其中 1% 溶液,即所需之量。营养液无毒、无臭、清洁卫生,可长期存放。

2.栽培试验。在教师指导下,选用栽培容器,在营养液内播种草坪种子,观察其生长状况,需要时,补充营养液,直到成坪为止,记录生长过程。

第三篇
草坪建植

实验一 草坪工程费用的概算 与预算

一、实验目的

本实验的主要目的是：了解草坪工程概算与预算的内容；掌握草坪工程概算与预算的原理与方法。

二、实验原理

根据配植设计的内容概略推算出工程费用的过程称为工程概算。工程概算是确定实行预算额的基础。概算时应从资金的角度对设计内容进行核对，针对设计内容有效地分配资金。而工程预算是以设计图书、工序说明书和工程概算为基础，依据明文规定的预定价格，来估算工程费。工程费的估算首先从设计图纸上估算整体对象物的面积、长度、体积和个数等数量及建成所需材料的种类、形状、规格和数量，整理成数量计算书和特殊说明书。然后根据估算要领和标准算出各工程总量，乘以各个施工时期的单价，求出各项作业的费用，再将各项作业费用合计得出工程费用。

三、实验材料与用具

(一)实验材料

足球运动场工程设计实例一项，包括设计图书、工序说明书和所需各类材料的建议价格等资料。

(二)实验用具

计算机及相关应用软件。

四、实验步骤与方法

根据工程设计对所需材料进行价格调查后，列出各种材料的单价或依据公布的概算标准进行工程费用的概、预算。

(一)概算

1.工程概算程序:见图 3-1。

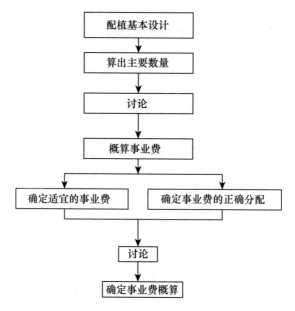

图 3-1　事业费概算程序

(1)概算要从资金观点出发,对建植设计的各个关键因素所对应的资金,从经济性、合理性方面进行核对确认。

(2)从设计要点和建植地总体平衡考虑,对不同建植场所不同工程种类所分配的有效资金进行核对确认。

2.根据工程设计对所需材料进行价格调查后,列出各种材料及施工量的单价,以单位数量的单价乘以每种材料量及各工种量求得所需资金概数。还要计算出交工验收前后的管理费用。

(二)预算

工程费预算的基本构成见图 3-2。

1.数量计算。数量计算指对有关施工内容细节部分的费用计算的工作,它包括以下内容:

(1)计算工程量:根据不同类型,将各工种分类,在图面上计算其施工场所数、面积、体积等。将计算结果集中整理在图面上标明。

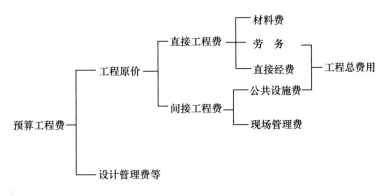

图 3-2 工程费预算的基本构成

（2）计算材料数量：计算出每工种单位材料量，然后计算出所需要的材料的总量。在材料有增减必要的情况下，在图面上标明，并按实际情况进行计算。

（3）其他：关于施工材料、劳力等，如有必要可列举项目并计算数量。

在进行以上计算时，要将所算出数量的计算过程整理清楚，以图表的形式表示。在进行计算时，必须标明计算过程所依据的标准。

2.工程费计算。工程费的计算是工程投资的资料，必须计算准确。可以使用"估算资料"或"建议物价"等资料来计算材料的单位价格。通常采用公布的概算标准来计算工程费。工程费的计算包括以下内容：

（1）直接工程费的构成：见图 3-3。

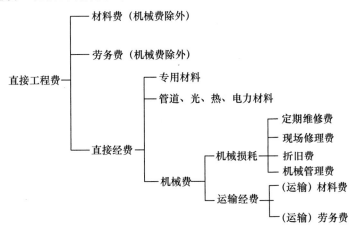

图 3-3 直接工程费的构成

（2）间接工程费的构成：见图 3-4。

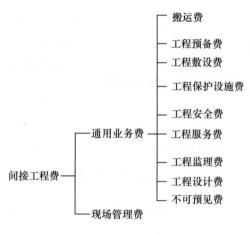

图 3-4　间接工程费的构成

另外，一些特殊的建植工程，为了使具有枯损特性的植物演替平稳进行，估算建植费时还要乘以一定的增减系数。例如，在已制定的与建植有关的单价基础上，将建植材料费和劳务费增减 0.5％左右，当作所估算的单价。其中建植材料包括树木、草坪等地被植物，土壤改良剂，表施土壤，其他用品等；劳务费包括坪床整备、建植、搬运、立支柱、散布表施土壤等必要的劳务费。另外，很重要的一点是，在估算上述工程费时，要明确各工程估算的依据。

五、作业

应用草坪工程费用的概算与预算原理和方法，对某高校欲建面积为 10 000 m² 的足球运动场草坪进行工程费用的概算与预算。

实验二 坪床土壤与坪床结构的优化改良

一、实验目的

草坪土壤通过水、肥、气、热的直接影响与草坪草的生长发育产生密切联系。不管是建坪或培育管理草坪时,对坪床土壤的一般性状要有确切的了解,这样在工作中才能做到对症下药,心中有数。然而,要了解坪床土壤的一般性状,就必须首先测定土壤,分析土样,然后按需要施加客土或加土壤改良剂等土壤改良措施以满足草坪草生长的需要。本实验是在前面实验的基础上,掌握判断草坪土壤的优劣的方法,学会土壤改良的操作技术。

二、实验原理

良好的土壤结构,对高质量草坪的建植至关重要。结构不理想的土壤,经过一系列处理措施,可以得到改良、优化,使其符合建坪要求。

三、实验步骤与方法

(一)良质坪床土壤基本判断

良好的坪床土壤应具备如下基本条件,在实验中要求做对照观察,做好记录。

1. 构成土壤主体的矿物颗粒要细,黏土含量较高,以含有一定沙质的轻沙土壤为优。黏性太重的重黏土或粗沙含量较高的粗沙土均不好。坪床土壤的排水性要好,以日排 50 mm 的降水为宜。

2. 土壤有机质含量高,团粒结构好。

3. 土壤的 pH 在 6.0~7.5。不同的草坪种有不同要求。

4. 坪床土壤的含 N 量在 0.2% 以上,含 K 量在 0.35% 以上,含 P 量力求达 P 的吸收系数为 1% 以上。

5. 坪床土壤应细碎平整,无砖石杂物,应具有 2% 的床面坡度,以利于排水。

(二)坪床土壤的一般改良

经土壤的分析化验,发现坪床土壤达不到上述 5 项良质坪床土壤条件时,不适合建坪,可尝试采用如下几种土壤改良措施进行改良:

1. 加客土:分为两个等级。

(1)当待建坪土壤质地、有机质含量、肥力、酸碱性等远远达不到建坪的要求,且不宜用其他方法改良时,就需要换新土。方法是先设置好排灌系统、平整床面、然后将其他地方肥沃的农田或菜园耕层熟土拉来铺到待建坪床面上。一般铺土厚度 20~30 cm。这是一种彻底换新土的方法。

(2)坪床土的质地尚可,但其他方面远不能满足建坪的需要,一般措施改良不能奏效或代价太高,又没必要换新土,或完全换新土有困难时可用此方法,即将坪床死土和肥沃的农田耕层熟土按一定比例混合均匀作为坪床土壤。

2. 加土壤改良剂:具体方法有 4 种。

(1)加沙:若土壤的其他特征尚好,而质地太差,如黏性太重,通气和透水性能差,可加入一定比例的细沙以改良土壤结构。

(2)加泥炭和锯屑:当土壤黏性太重或沙质太重或团粒结构太差时,加进一定量的泥炭和锯屑,不仅可以改善土壤的通气透水性能和保水保肥能力,还可以大大提高土壤有机质含量和肥力。现在还有人工合成的复合改良剂,比泥炭和锯屑有更广泛的用途,效果也好。

(3)加石灰粉或硫酸亚铁、石膏:当土壤酸性太强时可加一定量的石灰粉以提高 pH,这在南方建坪时较常见。加石灰粉不仅能改良酸性,也很有利于水稳性团粒结构的形成;北方土壤碱性太强时,除反复水洗灌泡和施酸性肥料外,还可加入一些碱土改良剂,如硫酸亚铁、石膏等。

(4)施肥改良:不管土壤状况好坏,也不管用哪种方法对土壤施行了改良,在播种前都必须施足基肥,这对确保种子发芽和建坪成功具有重要意义。一般来说,每公顷要施足充分发酵的有机肥 22 500~37 500 kg,有时还需要一定量的化学磷肥做基肥。

3. 其他方法:当土壤中石块或其他杂物太多时,不仅影响种子发芽出苗,也影响以后剪草机的剪草;如坪床不平坦,会影响种子出苗的均匀度和种苗密度的一致性。因浇水的不一致会导致肥力的不一致性,最后造成草坪叶色不均匀。因此,必须按照要求彻底清理坪床(如结合翻耕和人工拣除石头和杂物或用专门的拣石机进行)和平整坪床面,并形成 2% 的坡度以利于排水。

四、作业

分若干小组,每小组选择 20 m² 大小的地块,对土壤按建坪要求做出优劣评价。若需要改良时,请先讨论采用何种改良措施,然后进行改良操作。实验允许持续较长时间,以便于化验分析和准备改良材料。实验结束时,由各小组相互评价打分。

实验三 坪床土壤加热保温系统的安装

一、实验目的

通过本实验的学习,了解坪床土壤加热保温系统工作的基本原理,掌握坪床土壤加热保温系统安装的一般步骤。

二、实验原理

土壤的加热保温不同于一般的温室采暖,温室采暖多应用热水采暖系统。热水采暖系统由热水锅炉、供热管道和散热设备三个基本部分组成。其工作过程为:先用锅炉将水加热,然后用水泵加压,热水通过加热管道供给在温室内均匀安装的散热器,再通过散热器对室内空气进行加温。整个系统为循环系统,冷却后的水重新回到锅炉进行加热,进入下一次循环。虽然热水采暖系统运行有稳定可靠的特点,但考虑到大型运动型草坪土壤加热保温的实际情况,如加热范围大,对设备腐蚀性强,要求温度高等,故对坪床土壤加热多采用热油加热系统。

热油加热系统的工作原理是燃料在加热炉炉膛内燃烧产生热量,通过炉管以对流和辐射的形式传热给导热油,高温导热油在循环泵的驱动下通过加热炉出口带走热量。加热炉出口的导热油通过一个或多个用热单元卸载热量后,回到循环泵,通过加热炉再吸收热量传给用热单元,如此连续运转,以导热油为热载体实现热量连续传递。

坪床土壤采用的热油加热系统有如下优点:

(1)在较低的工作压力下,获得较高的热油出口温度,有效降低锅炉的制造成本,节约能源、设施的投资。

(2)有机载热体加热系统无须水处理设备,因而系统较为简单。

(3)液相输送热能,无冷凝排放热损失,节约能耗,具有明显的节能和环境保护效益。

(4)由于系统工作压力低,有机热载体无爆炸危险,因而有机载热体加热系统更加安全。

（5）热油加热系统对土壤的加热保温比水热系统散发的热量多，更适合大型运动草坪的加热保温。

三、实验材料与用具

大型运动草坪需要大型的农用土壤翻耕机械和用具，如拖拉机，搅拌机等。本实验用的草坪面积较小，需要一般的铁锹、锄头、洋镐等工具；热油加热系统包括热油管道、有机载热体锅炉、热油泵、热油储槽、过滤器等。

四、实验步骤与方法

（一）安装前的土壤准备

坪床结构一般包括：坪床土壤、灌溉系统、加热保温系统、给排水系统等。在种植草坪草之前就要考虑到各系统的安装。不论是客土法改良土壤，还是加土壤改良剂的方法改良土壤，都要求对坪床土壤深耕，深耕后再进行各系统的安装。

安装前要充分考虑到土壤、草坪的整体布局与加热保温系统是否冲突，加热保温系统的位置是否合适等客观因素。深耕后，考虑到对热能的充分利用，在坪床土壤上挖土壤沟、铺设热油管道时要慎重。一般挖深 80～120 cm、形状为 S 形的土壤沟，根据各地区自然条件的不同可以自行调节 S 形土壤沟的紧凑性，以便合理利用热能。

（二）安装加热保温系统

热油加热保温系统安装时，一般要先行安装主体系统，也就是除了热油管道以外的各部件。工艺安装流程为热油贮槽—过滤器—热油泵—有机热载体锅炉—热油管道。简化图如图 3-5 所示。

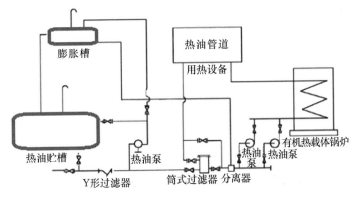

图 3-5　加热保温系统

(三)安装后的管理

热油管道系统安装完后,要对坪床土壤进行安装后的处理,如土壤沟的整平,管道的防腐蚀性处理等,配置坪床结构时应注意管道位置等。

五、作业

简要说明热油管道系统和热水采暖系统的不同,并说明各自的优缺点。

实验四　草坪草种子处理

一、实验目的

　　草坪草种子收获后,一些具活力的草坪草种子由于种胚未成熟或种皮障碍或种子内存在抑制物质或环境条件影响,或几个因子共同作用,在适宜萌发的条件下不能正常发芽而处于休眠状态,直接影响到这些草坪草种子发芽率测定、扩繁及出苗整齐度而影响成坪质量,这些种子需做处理才能播种。通过本实验的学习,加深对草坪草种子休眠特性的了解;掌握主要的种子处理方法和步骤;通过种子处理,使草坪草种能及时整齐萌发。

二、实验原理

　　根据引起休眠的原因(胚未成熟、种皮障碍、种内存在抑制物质、环境因子影响)有针对地采取化学药剂、机械擦破种皮或变温等处理,使种子解除休眠而整齐萌发。

三、实验材料与用具

(一)实验材料
白三叶种子、中华结缕草种子、草地早熟禾种子等。

(二)实验用具
培养箱、冰箱、烘箱、研钵、小烧杯、玻璃棒、培养皿、滤纸、纱布、标签、定时钟。

(三)试剂
10% NaOH、100 $\mu g/g$ 赤霉素、水。

四、实验步骤与方法

(一)机械擦破种皮处理
双子叶草坪草种子由于种皮的不透水、不透气性和对胚的机械阻碍作用,通过机械擦破种皮,将这种障碍打破,使其易于吸水萌发。生产中常用的方法有用老式碾米机进行碾磨、种子加工机械在清选加工过程中擦破等。取 3 份白三叶种子,每份 100 粒分别放于研钵中,轻磨数分钟至种皮磨破,但不能磨碎种子;另取 100 粒不处理作为对照。处理完毕后,将它们分别放入铺有滤纸的培养皿中,加入适量的水,贴好标签,置于恒温培养箱中做发芽试验,将结果记入表 3-1 中。

表 3-1　种子处理结果记录表

种子名称	处理方法	重复序号和对照	发芽日期及粒数（月/日,粒）	未发芽粒数	发芽率
		1			
		2			
		3			
		对照			
		1			
		2			
		3			
		对照			
		1			
		2			
		3			
		对照			

(二)变温处理

一些草坪草种子因环境条件的影响而处于休眠之中,通过变温浸种或变温处理使其解除休眠而萌发。取 3 份草地早熟禾种子,每份 100 粒放于 30℃ 烘箱中 6 h,取出放入 8～10℃ 冰箱中 18 h,处理完毕后,将它们分别放入铺有滤纸的培养皿中;另取 100 粒未处理的种子作为对照。培养皿中加入适量的水,贴好标签,置于恒温培养箱中做发芽试验,将结果记入表 3-1 中。

(三)药剂处理

草坪草种子休眠有的是单因子引起的,也有的是多因子共同作用的结果。通过利用无机酸、盐、碱、植物激素等化学药剂进行处理,解除种子休眠。取 3 份结缕草种子,每份 100 粒,放入小烧杯中,用 10% NaOH 浸种 15 min,取出放在纱布上快速用清水冲洗净种子表面药液,再将其放入干净的小烧杯中,用 100 μg/g 赤霉素浸种 24 h,处理完毕后,取出冲洗干净种子表面药液,将它们分别放入铺有滤纸的培养皿中,另取 100 粒未处理的种子作为对照,加入适量的水,贴好标签,置于恒温培养箱中做发芽试验,将结果记入表 3-1 中。

五、作业

1. 完成表 3-1,计算出各种处理种子的发芽率;
2. 比较和讨论不同种子处理的效果。

实验五　草坪营养繁殖

一、实验目的

用种子播种的方法建植草坪的成本低，但从播种到成坪所需的时间较长，相对来说，养护管理的难度也比较大。而采用营养体繁殖的方法建植草坪，虽然建坪的成本要高些，但成坪的时间较短，管理难度也较低。而且在一年之中除冬季之外，其他时间都可建成"瞬时草坪"，因此常用此法来建应急草坪和补植及局部修整。

用营养体建植草坪就是用植物的营养器官繁殖草坪的方法，包括铺草皮块（密铺法、间铺法、条铺法）、分株栽植法及塞植法等。其中铺草皮块成本高，但建坪最快，能在短时间达到成坪的目的。除铺草皮块繁殖草坪外，其余的几种方法只适用于具有强烈匍匐茎和根状茎生长的草坪草种。能迅速形成草坪是营养繁殖法的优点，但是，要使草坪草旺盛生长则需要充足的水分和养分，与此同时还要有一个透气和排水良好的土壤条件。

通过这次实验使同学们学会用草坪草营养器官繁殖草坪的方法，掌握包括铺草皮块（密铺法、间铺法、条铺法）、分株栽植法（匍匐枝植）及塞植法等建植草坪的技术。

二、实验原理

对那些不能产生有活力的种子或者用种子建成的草坪不能保持原草坪草基因性状的草坪草，常通过无性繁殖材料来建坪，主要通过利用草坪植物休眠芽再生及多年生分蘖和匍匐茎蔓延的特性来建坪。

三、实验材料与用具

（一）实验材料

除用种子直播可建成一块美丽的草坪外，还可用草皮卷、塞植材料、幼枝和匍匍枝 3 种营养繁殖材料来代替种子建植草坪。

1.草皮卷:高质量草皮卷的特征是质地均一、无病虫害,操作时能牢固地结在一起,铺植后 1~2 周就能生根。这种方法建植草坪高效、快速。但草皮卷必须有专门的生产基地,要求机械化程度高,成本相对较高,而且生产要上规模。目前国内除上海、天津和北京等地有大型生产基地外,各省(自治区、直辖市)也有一些小的基地。草皮卷的大小以长 50~150 cm、宽 30~150 cm 为宜。机械化施工的可为大块的草皮卷,厚度 2 cm 左右。

2.塞植材料:塞植材料是从草皮卷中抽取条形或圆形的草皮块,大小为直径 4~6 cm、厚度 2 cm 左右。塞植材料常常在暖地型草坪假俭草、钝叶草和结缕草中运用。

3.幼枝和匍匐枝:幼枝和匍匐枝是单个草坪植株,或包括有几个节的株体部分。适于此法的草坪草有匍匐翦股颖、狗牙根和结缕草等。

(二)实验用具

方形或长方形木板一块,平板草铲 1 个或起草皮机 1 台,托板,碌筒,环刀或草坪塞植机,剪刀等。

四、实验步骤与方法

(一)草皮块铺植法(直接移栽铺设法)

草皮块铺植法是我国各地比较常用的铺设草坪方法,即将苗田地生长的优良健壮草坪,用平板铲铲起或用起草皮机铲起。按照一定的大小规格,铲起装车运至铺设地,在整平的场地上重新铺植,使之迅速形成新草坪。

1.草皮块铲运:铲取方法,一种是方形,另一种是长条形。切法是先放一定宽度的木板在草皮上,沿木板边缘人工用平板草铲切取,切完后,再自草皮下铲起。最好两人合作,一人沿木板边缘用草铲切取,切完后,将草皮自下面铲起,另一人将草皮卷起。可把草皮切成 30 cm×30 cm 的方形,或 30 cm×200 cm 的长条形,草皮块厚度为 2~3 cm,铲起重叠堆起,以利于运输。在有条件的情况下,为保存土壤和草皮块不破损,起出的草皮块放在胶合板制成的托板或编织袋上,或卷成草皮卷装车运到铺植地。用托板等更有利装卸和铺植。

在有条件的地方,可采用起草皮机起草皮,草皮块的质量将会大大提高,起草皮机作业不仅进度快,而且所起草皮厚度均一,容易铺装。通常起草皮机都具两把 L 形起草皮刀。当刀插入草皮后,依靠刀的往复运动而整齐地切起草皮。草皮的厚度取决于刀插入草皮的深度,通常控制在 7.5 cm 左右。草皮的宽度取决于两把刀片垂直部分间的距离。小型起草皮机约 30 cm,大型机可达 60 cm。有的起草皮机还附加垂直刀片,可将切起的草皮条按需要的长度切断。还可用机器将切起的草皮掀起、卷捆和堆放。如没有附加垂直刀片的小型起草皮机,需要在起草皮的同时,人工采用锄刀将切起的草皮条按需要的长度切断。如草坪圃地起草皮块之前土壤干时,要提前适当浇水,保持土壤湿润而不黏。此时,起草皮机切割时所受阻力小、速度快、质量好,同时也能降低能量消耗。

2.草皮块铺装:铺装草皮块前要按设计要求平整场地,与此同时,场地要适度喷灌水,保持土壤湿润,利于草皮成活。铺设后的草坪地略高于四周地面,以防下沉。铺装的方法通常有以下几种:密铺法、间铺法、条铺法等。

(1)密铺法:采用草皮块将地面完全覆盖。草皮运到铺植地后,应立即进行铺植。运输过程要保持草块的完整。运至铺装现场后,在使用前要逐块检查,拔去杂草,弃去破碎的草块。如果草块一时不能用完,应一块一块地散开平放,若堆积起来会使叶色变黄。

铺植时,把运来的草皮块顺次平铺于已整好的土地上,草皮块与块之间应保留 1~2 cm 的间隙,以防滚压后出现重叠或因草皮块在搬运途中干缩,遇水浸泡后,出现边缘重叠。在进行铺植作业时,应尽量避免过分地伸展和撕裂。草皮块铺平后,隙缝之间填入细土,用 0.5~1.0 t 重的碌碡压紧或压平,使草皮与土壤紧接,无空隙。碌子压实后,立即进行均匀适量的灌水。以固定草皮并促进根系的生长。第 1 次水要浇足、灌透。一般在灌水后 2~3 d 再次碌压,则能促进块与块之间的平整。新铺植的草块,碌压一两次是压不平的,以后每隔 1 周灌溉 1 次,隔日后碌压 1 次,直到草块完全平整,才能停止碌压。有时可能出现新铺的草坪中,有坑洼或高低不平,应用细土填平低凹处,或把草块铲起,填平后,重新把草块铺装好。如在坡地铺装时,每块草皮应用桩钉加以固定。

(2)间铺法:为了节省草皮材料,利用草坪草分蘖和匍匐茎蔓延的特性,采用间铺法铺植草坪。此法成坪时间较长。铺植方法:草皮块可切成正方形(12 cm × 12 cm)或长方形(12 cm × 24 cm),铺装时按照 3~6 cm 的间距排列,也可按照品字形、各块相间排列,出现较美丽的图形。铺块式:铺面为总面积的 1/3;品字形:品字形状铺坪,铺面占总面积的 1/2。采用这种方法铺草皮时,要在平整好的地块上,按照草皮块的形状和草皮厚度,在计划铺草的地方挖去土壤,然后镶入草皮,一定要使草皮块铺下后与四周土面相平。草皮块铺好后碌压和灌水。经过一定时间后,匍匐茎向四周蔓延直至完全接合,长满覆盖地面。

(3)条铺法:将草皮切成 6~12 cm 宽的长条,两根草皮条平行铺装,其间距为 20~30 cm,铺装时在平整好的地块上,按草皮的宽度和厚度,在计划铺草的地方挖去土壤,然后将草皮镶入,保持与四周土面相平。铺好后碾压和灌水。一定时间后,即可接合,全覆盖地面。

(二)分株栽植

用分株繁殖铺装草坪较为简单,与草皮块铺植法相比,能大量节省草源,一般 1 m² 的草皮块可以栽成 5～10 m² 或更多一些,而且可以大大减少运输费用。管理比较方便,对土地平整程度的要求都低于播种方法。因此目前是我国北方地区种植葡萄性强的草种的主要方法。在早春草坪返青后,将草皮铲起,抖落根部附土,然后将草块的根部分开,有葡萄茎可切开,同时将这些分开的植株分栽到新的草地或苗床。栽植方法可分条栽与穴栽。草源丰富时可以用条栽,即在平整好的地面以一定的行距开沟,沟的深度 4～6 cm,以能容纳草根为宜。行距以草源的多少及覆盖地面的时间要求长短而定:草源多的,要求及早覆盖地面的行距可窄些;相反,就应宽些。一般为 20～30 cm。沟开好后,把分开的草块成排放入沟中,然后填土,踩实,及时灌水。穴栽一般将铲起的母本草皮,切成 10 cm² 大小的小方块,以株行距为 20 cm×30 cm,或 30 cm×30 cm 距离进行穴栽。每穴的用草量视草源多少而定,每穴的草量大,覆盖地面就快。栽好后,立即碾压浇水,以后必须经常保湿,并要及时除杂草,经 50～60 d 即可全部覆盖地面。

栽植的株、行距大小及分栽的面积比例,还应考虑土质好坏与栽后的管理水平,土质好,管理力量强,可加大株、行距。如在苗圃中繁殖时分栽面积比例可为 1:(10～15),即 1 m² 的草块分栽成 10～15 m²。当然分栽比例也因草种而异,葡萄性能强、分蘖性好的草种分栽面积大,反之则小。例如南方常用的细叶结缕草、狗牙根、马尼拉草,北方常用的野牛草、翦股颖等分栽面积较大。而草地早熟禾、羊茅类、苔草等分栽面积较小。

(三)点铺法(塞植法)

塞植包括从心土耕作取得的小柱状草皮柱和利用环刀或机械取出的大草皮塞,插入坪床。顶部与表土面平行。其优点是节省草皮,分布较均匀。塞植法除可用来建立新草坪外,还可用来将新种引入已形成的草坪之中。其具体方法如下。

1.人工方法:一种方法是将草皮塞(直径和高 5 cm 的柱状草皮柱)或草皮方块(即长、宽、高各为 5 cm 的方块塞),以 30～40 cm 间隙插入坪床。顶部与土表平行。此法最适于结缕草,也适于葡萄茎或根茎性较强的其他草种。另一种方法是将心土耕作挖出的草皮柱(如狗牙根、葡萄翦股颖)撒播于待建坪床上,镇压平整,同时保持湿润,直到生根为止。这种方法主要用来建造与运动场草坪相似的保护草坪。

2.机械方法:先用人工或机械从草皮条上切割草皮块,一般采用机械塞植机一次完成。目前很多国家或地区都用专门的草坪塞植机作业。

草坪塞植机是一种自走式联合机械,它能将草皮划割、开沟、塞植、覆土、镇压工作结合起来,一次完成。该机前端具草皮块切取草皮塞的正方形小刀的旋转滚筒,把人工或机械挖取的草皮块条喂入圆柱形滚筒的斜槽里,随滚筒的旋转会从草皮块条切下一个个草皮塞,然后将切下的草皮塞均匀塞植到机体前一个垂直犁刀开出的犁沟内,紧接着通过位于两个相邻犁沟间的 V 形钢部件的作用使表土填满犁沟,最后通过位于该机后面拖带的镇压器把移植坪床整平压实。另外还有一种采用环刀人工挖取直径 10～20 cm,深 3～4 cm 的大草坪塞,用于修补受危害的草坪地,如足球场球门地的修补。

(四)嫩枝植株繁殖

在生长良好的草坪上,选取健壮的营养枝作为嫩枝繁殖材料。主要用于繁殖匍匐茎的暖地型草坪草,也用于匍匐翦股颖。一般嫩枝不带土,最少一个嫩枝带有 2～4 个节。将枝条置于间距 15～39 cm、深 5～8 cm 的沟内,然后覆土、镇压、浇水。在埋入沟时至少有 1～2 个节埋在地下,而带有叶片的另一端露出地面,以保证地下生根和地上部分继续生长。此种方法繁殖也可用塞植机进行,只是把幼枝放入斜槽即可。此种方法简单,节省植物材料,一般 1 m² 可铺设 30～50 m²,成本低、见效较快,还可用机械作业。

匍匐茎较强的草种如狗牙根、地毯草、细叶结缕草和匍匐翦股颖还可以采用撒播方式进行嫩枝繁殖,具体方法是将植物材料(嫩枝)在春季萌发时间均一地撒在湿润的土表(0.1～0.2 kg/m²),覆土或轻耙,使部分插入土壤,此后尽快地镇压和浇水。此法不仅节省植物材料,而且成坪速度较快。

五、作业

分组(5 人左右一组)在选定的草坪区内进行草坪营养繁殖铺草皮块(密铺法、间铺法、条铺法)、分株栽植法、塞植法和嫩枝植株繁殖实验,通过进一步观察草坪营养繁殖生长状况和成活率,编写实验报告。

实验六　草皮生产

一、实验(实习)目的

铺植草皮是目前草坪绿化中常见的一种建坪方式。虽然铺草皮建坪成本高,但不受时间和季节的限制,在任何时间都能生成"瞬时草坪",可满足短期内草坪投入使用的要求。另外,铺草皮建坪简单方便,建坪初期的管理较种子繁殖要轻松省力得多,而且能在陡峭的坡地或种子建坪难度大的地方成功建坪。基于草皮铺植的诸多优点,本实验的目的旨在让同学们了解和掌握一些基本的草皮生产技术环节,以繁育出高质量的商品草皮,服务于生产。

二、实验(实习)原理

草皮生产在草坪业中占有重要地位,是发展草坪的重要建植方法之一。草皮生产以营养繁殖体为原材料,经分枝、分蘖和匍匐生长成坪,在此过程中受诸多因素的影响,包括坪床土质地、种子或其根茎质量以及养护管理水平等。

三、实验(实习)材料与用具

(一)材料

种子或营养繁殖体、无纺布或尼龙袋等隔离层材料。

(二)用具

拖拉机、旋耕机、圆盘耙、镇压器、播种机、喷灌设备、肥料撒播机、剪草机、起草皮机、滚压机、打孔机、覆沙机、草皮切边机等。

四、实验(实习)步骤与方法

草皮生产主要涉及普通草皮的生产和地毯式草皮的生产。普通草皮生产的操作规程同种子繁殖建坪,便于形成草皮生产基地,但存在需要占用较好立地条件的生产地和起草皮时需要带走一定厚度的表土等缺陷。地毯式草皮是目前世界上先进的草皮产品，它运用高科技工艺流程，以机械设备为依托，所生产商品具有规格化、草块完整、使用率高、见效快、品种纯、运输铺装方便的优点。下面就主要介绍相关地毯式草皮的生产技术。

(一)种植品种的选择

选择适应当地气候条件和建坪或市场需求的草坪草种，严格控制栽植材料的质量，如种子需有较高的纯净度和发芽率，采用匍匐枝和根茎繁殖时，必须具备有2～3个以上的健壮活节。

(二)隔离层材料的选择

要求具有成本低，透气、渗水性能好，种子出苗后穿出性能好，形成草皮卷时间短的特点。目前生产中较为理想的隔离层材料主要有：

1.无纺布：成本低，渗透性好，便于草坪草幼苗、胚根胚芽穿过，同时根系可缠绕其上以防脱落。

2.聚丙烯编织片：草坪草的一部分根系穿过编织片纵横条之间的缝隙扎入土层中，另一部分根系在编织片上的覆土中生长，这些根系横向平展生长，牢固地缠结在一起。

3.聚氯乙烯地膜：使草坪草根系与土壤很好地隔离开，阻止草根下扎，促其横向生长，盘根形成网状，呈现"草毯状"坪面。

(三)配制营养土

在隔离层材料上必须覆盖一定厚度的营养土，一方面可起到固着草坪草根茎的作用，另一方面满足草坪草对于水分和养分的需求。生产中常采用的营养土配制方法如下：

1.取细碎的塘泥或心土1份，腐熟的米糠或蔗渣糠1份，再加入相当于塘泥体积1/3的腐熟的猪粪干；在以上每吨混合土中加尿素1 kg、过磷酸钙5 kg混合，然后根据草坪草品种所要求的pH条件调节该营养土的酸碱度。

2.以木屑、珍珠岩、煤渣等作为基质与园田土混合。

3.用垃圾土加园田土作介质。

4.煤渣增施化肥。

(四)坪床制备

将计划培育地毯式草皮的地块进行清理、翻耕、耙耱、平整后，上铺无纺布或塑料地膜、聚丙烯编织片等隔离材料，覆先前配制好的营养土，厚度2.0～2.5 cm，用木平耙搂平以备播种。

(五)草皮种植

1.种子处理:播种前,采用50％多菌灵可湿性粉剂,200倍溶液,或70％百菌清可湿性粉剂,350倍溶液,对种子进行24 h浸泡消毒,沥水后播种。

2.播种方法及播种量:草坪草播种时可以采取同一种内不同品种的混合,亦可进行不同种的混播。播种前按照划定区域的面积确定播种量,借助人工或小型播种机进行播种。为撒播均匀,一般先沿坪床纵向播一次,而后再沿坪床横向播一次。草坪草种子的播种量取决于种子质量、混合组成及土壤状况。用量过小会降低草皮的成熟速度,增加管理难度;用量过大,下种过厚,会促使真菌病的发生,也会因种子耗费过多而增加生产成本和造成不必要的浪费。一般应根据具体品种生产播种量来定。采用营养体繁殖生产草皮时,采集健壮的根茎或匍匐枝放在阴凉处备用,温度高时需及时喷水防止干枯。将营养体按照 $500\sim700$ g/m^2 的重量均匀地撒在隔离层材料上,覆盖厚2 cm的营养土,覆土时应保证有1/3左右的草茎叶露出营养土。

3.镇压:增加种子或营养体与营养土的接触面积,有利于草皮的迅速生成。

此外,在镇压后的坪床上亦可加盖稻草、草帘、秸秆等覆盖材料。

(六)养护管理

1.灌溉:灌溉时最好使用喷灌强度较小的喷灌系统,以雾状喷灌为好;灌水速度不应超过土壤的有效吸水速度,一般一次灌水持续到 $2.5\sim5.0$ cm 土层完全浸润为止;严格限制坪床面积水小坑的出现。灌水原则是前期少量多次,三叶期以后逐渐减少灌水次数,但灌水量需加大。

2.揭除覆盖物:待幼苗基本出齐后,选择阴天或傍晚及时揭去覆盖物。

3.追肥:在草坪草出苗后 $20\sim25$ d,根据植株状态,因地制宜补施氮肥和氮磷复合肥。一般生长前期以追施氮肥为主,施肥量 $5\sim10$ g/m^2,每 $10\sim15$ d 施肥一次;生长中期以施氮磷复合肥为主,施肥量 $10\sim15$ g/m^2,每隔 $10\sim15$ d 施肥一次,亦可喷施 $1.0\%\sim1.5\%$ 加氮磷酸二氢钾溶液,加速不定根等次生根的再生,促使高质量草皮的形成。

4.修剪:草坪修剪作业借助草坪修剪机进行,新种未完全成熟的草坪遵循1/3修剪原则。修剪留茬高度依草坪草种和品种而异,如多年生黑麦草为 $4\sim6$ cm,草地早熟禾为 $4.5\sim6.5$ cm,高羊茅为 $5.0\sim7.0$ cm,紫羊茅为 $2.5\sim6.5$ cm,匍匐翦股颖为 $0.6\sim1.8$ cm,结缕草为 $3.0\sim5.0$ cm,狗牙根为 $2.0\sim3.8$ cm。修剪频率因季节而异,一般在生长旺盛期,每周需修剪 $2\sim3$ 次,并最好将修剪的草屑清理出草坪。

5.其他:杂草、病虫害防除在草皮养护过程中是关键的技术环节,从某种程度上说对商品草皮的质量起决定作用。此外,草皮生产过程中进行适时打孔是必需的。

(七)草皮收获

当坪床上草坪草的覆盖率达 95％以上,一般在播种后 40～50 d,待草坪草根茎形成网状,坪床表面呈毯状时,即可收获草皮。收获前做好一切准备工作,包括修剪、保持草皮适度湿润等。一般生产中用起草皮机进行草皮收获,草皮形状依起草皮机具类型、草皮的草种组成及市场需求分为块状和条状。

(八)草皮运输

块状草皮一般堆叠起来运输,条状草皮则可由卷草机卷成草皮卷运送,通常长 50～150 cm,宽 30～150 cm 的草皮便于运输和铺装。运输时为保持草皮湿润,最好用帆布或遮阴网盖顶,同时还要防止草皮内部发热。

(九)草皮收获后的工作

每隔两天对已收获的草皮地进行一次旋耕和滚压,及时清理残留在地面上的隔离层材料。

(十)草皮铺植

1.草皮铺植前首先要准备好场地。即将铺地深翻耕 30 cm,清理石砾及其他杂物,耙平,施入一定量的基肥;整理排水坡度,一般要求 0.2％～0.3％的坡度向外倾斜;镇压以免坪面下陷。

2.铺植时再次用小木板刮平地表土,然后将草皮顺次平铺于已整好的土地上,草皮块与块之间需留有 0.5 cm 左右的缝隙。对于大块草皮铺植时,边缘刀割处要进行修边。

3.铺好后,在草皮接缝处填入细土、填实,最后用镇压器镇压,以确保草根与土壤充分接触;及时浇透水,浇后 1～2 d 后再次碾压,以固定草皮并促进根系生长,这样持续 7～10 d,草坪草即可生根成活。其后要做好铺植草皮的养护管理,及时地安排修剪、施肥、灌溉和防除杂草及病虫害等各项作业。至此,整个草皮生产环节完成。

五、作业

1.掌握草皮生产各环节的技术要点,实地操作,写出一份完整的实习报告。

2.查阅资料,试述你所了解的其他一些草皮生产技术。

第四篇

草坪养护管理

实验一 草坪修剪试验

一、实验目的

　　草坪修剪的目的在于使草坪保持平整、美观,以充分发挥其观赏价值和坪用功能。适当的草坪修剪可抑制草坪的生殖生长,促进草坪草分枝,提高草坪的质地,抑制杂草的入侵,提高草坪的观赏性及其利用效率等。本实验的主要目的在于让同学们掌握草坪修剪的基本方法及步骤。

二、实验原理

　　草坪之所以能够经受频繁的修剪是由草坪草地上部生长点低、再生力强的特性决定的。如矮生狗牙根在生长季节里,草高 4 cm,修剪到 2 cm,经过 3～4 d 就可以恢复;又如高尔夫球场果岭区一年间需修剪 120～150 次。主要原因有两方面,一方面是草坪草的再生部位多。主要表现在:①剪去上部的老叶后可继续生长;②未被伤害的幼叶尚能长大;③基部的分蘖节可产生新的枝条。另一方面,草坪草的营养贮藏器官能够供给草坪草再生所需的充足养分。根与留茬具有贮藏营养物质的功能,尤其是草坪草修剪后的留茬在再生养分供给中发挥重要的作用。

三、实验材料与用具

(一)实验材料
待修剪草坪。

(二)实验用具
剪草机或剪草剪刀、钢卷尺、活动扳手、钳子、螺丝刀等。

四、实验步骤与方法 ◆

(一)掌握剪草机的安全操作规程,做到熟练操作

如剪草机启动前,掌握如何迅速停止发动机运转,以便发生意外时紧急刹车;启动时,注意将手脚离开刀片;在相对平坦的地方启动机器;机器启动后,不要让非操作人员(尤其是儿童)靠近剪草机;发动机发热时,禁止向油箱里加汽油;检查刀片时,先拔下火花塞等,避免发生事故。

(二)确定草坪适宜的修剪时间和修剪频率

1.选择某一生长良好的待剪草坪,确定样地;

2.随机排列样方,样方面积 1 m×1 m,3 次重复;

3.设计剪草处理,即最佳修剪时间与修剪频率,见表 4-1;

4.以上各处理的剪草高度均定为 5 cm,修剪后观测记录各处理草坪草的再生能力、盖度、密度、叶色变化以及根量等内容;

5.分析资料,评定得出最佳修剪时间和修剪频率的处理。

表 4-1　草坪修剪时间和频率试验设计

修剪时间			修剪频率/(次/年)
4—6 月	7—8 月	9—11 月	
0	2	3	5
3	4	6	13
6	6	9	21
9	8	12	29

(三)确定修剪高度

1.在草坪修剪时间、频率及其他养护管理水平一致的前提下,将其修剪高度分为 3 cm、4 cm、5 cm 和 6 cm 四个等级,分别试验研究草坪不同修剪高度对草坪草诸因素的影响。

2.采用统计分析法分析不同处理小区草坪草的再生能力、盖度、密度、叶色和根量等指标(表 4-2),选择得出最佳的修剪高度。

表 4-2　草坪修剪高度观测项目

修剪高度/cm	再生能力		盖度/%	密度/（株/m²）	叶色	根总量/（g/m²）
	再生高度/cm	再生量/（g/m²）				
3						
4						
5						
6						

五、作业

根据所学知识试设计一个草坪修剪试验,进行分析讨论并得出结论。

实验二 草坪施肥试验

一、实验目的

草坪植物的正常生长发育,除了需要充足的光照、温度、空气和水分外,充足的养料供给是必不可少的。草坪草大多属于多年生草种,为了促进草坪植物良好生长,延长草坪利用期,保持良好的绿色度,增强绿化效果,了解草坪草所必需的营养元素,制定理想的施肥方案是非常重要的。本实验的主要目的是:①了解草坪计量施肥的确定依据;②制定合理的施肥方案(包括的施肥方法、步骤);③掌握计量施肥结果的分析方法。

二、实验原理

计量施肥即土壤测试和植物分析相结合的养分平衡计量施肥法,是现代农业科技新成果,其特点是把土壤测试和植株分析有机地结合起来,按照草坪植物生育期间所需要的养分量和土壤速效养分含量来确定肥料的适宜施用量。

三、实验材料与用具

(一)实验材料
样地。

(二)实验用具
计算器、粗天平、剪刀、钢卷尺、样盒或样袋、土钻、肥料撒播机等。

四、实验步骤与方法

(一)适宜的施肥时间
草坪施肥时间受草坪利用目的、季节变化、大气和土壤的水分状况、草坪修剪后草屑的数量等因素的影响。从理论上讲,一年内草坪有春、夏、秋三个季节性施肥期。除此之外,可根据草坪的外观特征,如叶色和生长速度等来确定施肥时间,如在生长季节,当草坪草老叶色泽褪绿转黄,密度下降,草坪变得稀疏、细弱时需施氮肥;草坪草老叶片变成暗绿色,叶脉基部和整个叶缘变成紫色,植株矮小,叶片窄细,分蘖少,应施磷肥;草坪草株体节部缩短、叶脉发黄、老叶枯死时,应施钾肥。

(二)适宜的施肥量

以草坪植物本身的需肥特性、土壤的肥力状况及草坪的养护管理水平等因素为依据,结合土壤养分测定结果和草坪植物营养状况以及施肥经验综合确定施肥量。

$$计划施肥量(kg/hm^2) = \frac{草坪养分需要量(kg/hm^2) - 土壤可供养分量(kg/hm^2)}{肥料中某养分含量(\%) \times 该肥料利用率(\%)}$$

(三)施肥方法

草坪的施肥方法可分为基肥、种肥和追肥。一般基肥的施用方法分撒施、条施、分层施用和混合施肥;种肥施用方法因播种方法而异,采用沟播、穴播时,相应采用沟施和穴施,亦可在种子进行丸衣化处理时加入肥料制成丸衣种子;用作追肥的肥料主要为速效的无机肥料,可撒施、条施、穴施或结合人工降雨灌入或通过喷雾器进行叶面喷施等。

(四)施肥实例

1.试验设计:试验共设 19 个小区,小区面积 1 m×1 m,重复 3 次。

2.试验处理:见表 4-3。

表 4-3 草坪施肥试验处理

试验处理		肥料种类及其用量
对照	0	—
混合肥	1	羊粪:1 kg/m² + N,8 kg/m² + P_2O_5,6 g/m² + K_2O,4 g/m²
	2	羊粪:1 kg/m² + N,4 g/m² + P_2O_5,3 g/m² + K_2O,2 g/m²
	3	羊粪:1 kg/m² + N,2 g/m² + P_2O_5,1.5 g/m² + K_2O,1 g/m²
无机肥	4	尿素:10 g/m²
	5	尿素:20 g/m²
复合肥	6	32 g/m²(如含 N 12%,P_2O_5 8%,K_2O 7%)。

3. 施肥量计算:具体的施肥量计算方法见例题。

例题:土壤分析结果表明,某草坪每 1 000 m² 应施 N 素 2 kg,P 素 2 kg,K 素 1 kg。待施肥草坪总面积是 15 000 m²。现有肥料:磷酸一铵 200 kg(11—47—0):硝酸铵 100 kg(35—0—0);氯化钾 100 kg(0—0—60)。肥料上的标签是以 N—P_2O_5—K_2O 的形式和次序标明的,那么每一种肥料应各施多少?

解:(1)先确定草坪需 N、P 和 K 素的总量:

$$N_t = \frac{2 \text{ kg}}{1\ 000 \text{ m}^2} \times 15\ 000 \text{ m}^2 = 30 \text{ kg}$$

$$P_t = \frac{2 \text{ kg}}{1\ 000 \text{ m}^2} \times 15\ 000 \text{ m}^2 = 30 \text{ kg}$$

$$K_t = \frac{2 \text{ kg}}{1\ 000 \text{ m}^2} \times 15\ 000 \text{ m}^2 = 30 \text{ kg}$$

(2)其次,确定施用 30 kg 的 P_2O_5 素需要多少磷酸一铵。从题意得知每 100 kg 磷酸一铵含有 47 kg 的 P_2O_5,而 P_2O_5 的含磷量是 44%,那么每 100 kg 的磷酸一铵含有:

$$P = \frac{0.44 \text{ kg}}{1 \text{ kg}(P_2O_5)} \times 47 \text{ kg}(P_2O_5) = 20.7 \text{ kg}$$

(3)施 30 kg(P_2O_5)需磷酸一铵的总量是:

$$\frac{X}{30 \text{ kg}} = \frac{100 \text{ kg}(磷酸一铵)}{20.7 \text{ kg}}$$

$$X = 145 \text{ kg}(磷酸一铵)$$

(4)因为磷酸一铵含 N 为 11%,所以所需 N 量在施 P 肥的时候已部分地得到补充,其 N 素的补充量是:

$$\frac{Y}{145 \text{ kg}(磷酸一铵)} = \frac{11 \text{ kg}}{100 \text{ kg}(磷酸一铵)}$$

$$Y = 16 \text{ kg}(N)$$

(5)因为共需要 30 kg N,剩下的 14 kg 需由硝铵提供:

$$\frac{Z}{14 \text{ kg}} = \frac{100 \text{ kg}(硝酸铵)}{35 \text{ kg}}$$

$$Z = 44 \text{ kg}(硝酸铵)$$

(6)氯化钾(0—0—60)含 K_2O 为 60%,而 K_2O 含 K 为 83%,下面先计算

100 kg KCl 含 K 是多少：

$$\frac{W}{60 \text{ kg}(K_2O)} = \frac{0.83 \text{ kg}}{1 \text{ kg}(K_2O)}$$

$$W = 50 \text{ kg}(K)$$

(7)因为草坪施肥共需 15 kg 的钾，则需 KCl：

$$\frac{V}{15 \text{ kg}(K)} = \frac{100 \text{ kg}(KCl)}{50 \text{ kg}(K)}$$

$$V = 30 \text{ kg}(KCl)$$

(8)小结：1 000 m² 施 2 kg N 和 P，施 1 kg K，那么 15 000 m² 的草坪施肥量如下：

磷酸一铵 145 kg；硝酸铵 44 kg；氯化钾 30 kg。另外，施肥应用专用机械分来回两次或一次（重叠 20%～50%）均匀撒施，否则很容易留下黄绿相间色带，影响草坪质量。

（五）结果分析

草坪施肥结果的分析一般按弗佛尔方法。弗佛尔方法的基本理论是：在一定技术条件下，施肥量是有限度的，并不是越多越好。增加施肥量时，初始的肥料投资收益较大，随后的连续投资其经济效益逐渐降低，超过最高产量的用肥量后，再增施肥料反而会导致减产。这里我们把草坪观测项目的总分作为产量进行计算。

1.草坪性状最佳（即积分最高）时施肥量的确定：先根据弗佛尔原理建立二元肥料方程：$y = b_0 + b_1 x + b_2 x^2 + b_3 z + b_4 z^2 + b_5 xz$；根据达到最高产量时，边际产量 (dy/dN) 和 (dy/dP) 等于零的原则，令上述方程偏导数等于零并解联立方程：

$$\frac{dy}{dN} = b_1 + 2b_2 N + b_5 P（\text{N 肥的边际产量}）= 0$$

$$\frac{dy}{dP} = b_3 + 2b_4 P + b_5 N（\text{P 肥的边际产量}）= 0$$

便可求得草坪性状最佳时的需 N 肥和需 P 肥量。

2.经济最佳施肥量的确定：按草坪性状最佳时施肥，往往并不合算。所谓经济最佳施肥量就是在保证草坪性状标准化的前提下寻求最经济的施肥量。因为绝大多数情况下边际成本 $P_x/P_y \neq 0$（P_x 为肥料单价，P_y 为草坪价格），所以最佳性状施肥量不是经济最佳施肥量。因此，根据最佳施肥量时，边际收益等于边际成本 $(dy \times P_y = dN \times P_N$ 或 $dP \times P_P)$ 的原则：

$$\frac{dy}{dN}=\frac{P_N}{P_y}\quad b_1+2b_2N+b_5P=\frac{P_N}{P_y}$$

或

$$\frac{dy}{dP}=\frac{P_P}{P_y}\quad b_3+2b_4P+b_5N=\frac{P_P}{P_y}$$

计算的结果就是最经济时的施 N 肥或施 P 肥量。这里我们继续用坪用性状积分代替价格计算。

3.草皮商品化生产时以施肥为基础的利润计算：

$$P_{ro}=P_yY-P_NN-P_PP-F_C$$

式中：P_{ro} 为利润；Y 为最佳施肥时积分；N 为最佳 N 素施量；P_N 为纯 N 单价；P 为最佳 P_2O_5 施量；P_P 为 P 素单价；P_y 为草皮单价(可用积分代替)；F_C 为固定资产(种子、农药、管理、水电)成本费。

实验三 草坪常见虫害的识别、调查与化学防治

一、实验目的

草坪虫害的识别、调查与化学防治是草坪养护管理的重要内容。通过本试验，要求使学生了解当地草坪害虫的主要种类与危害程度，掌握当地常见草坪害虫的识别要点，掌握草坪虫害的田间调查方法，掌握草坪虫害化学防治试验的设计方法，掌握草坪虫害化学防治的基本程序和药效检测方法。

二、实验材料与用具

(一)材料

常见草坪草害虫标本、草坪害虫照片(幻灯片)或挂图、草坪活体害虫、发生虫害的草坪等。

(二)实验用具

多媒体设备、捕虫网、毒瓶、采集箱、手持放大镜、体式显微镜、草坪小铲与小锄头、镊子、卷尺、量杯、天平、水桶、喷雾器、笔记本、铅笔、方格纸(或求积仪)、常用草坪虫害防治药剂、记录本等。

三、实验步骤与方法

(一)草坪常见害虫的形态特征识别与草坪虫害症状识别

草坪害虫是对草坪有害昆虫的通称。昆虫属节肢动物门昆虫纲,主要形态特征:体躯分为头、胸、腹3个体段;头部有触角、复眼、单眼和口器;胸部3节,有3对足、1～2对翅膀;腹部11节,包含大部分脏器,末端具外生殖器及尾须。可总结为:身有3对足,常具两对翅,皮韧不生骨。

1.草坪害虫类型。草坪害虫种类繁多,分类方式多种多样,除按生物学分类方法,把草坪害虫分为昆虫纲下的不同目、科、属、种外,在防治草坪害虫实际过程中,

还常常采用如下几种分类方式。

（1）根据害虫取食方式分类：

咀嚼式口器,蝗虫、草地螟、夜蛾、蟋蟀、叶甲等；

刺吸式口器,蚜虫、叶蝉、飞虱、蝇和螨等；

锉吸式口器,蓟马等。

（2）根据害虫栖息场所分类：

地下害虫,金龟甲、金针虫、蝼蛄、地老虎、拟步甲和土蟓等；

地上害虫,叶蝉等。

（3）根据草坪受害部位分类

食叶性害虫,取食草坪草叶片、茎秆,造成缺刻、孔洞、切断等。口器多为咀嚼式,如黏虫、草地螟、蛞蝓等。

吸汁或刺吸性害虫,吸食草坪草叶片及幼嫩茎秆内部的汁液,使得茎叶产生褪绿的斑点、条斑、扭曲、虫瘿,甚至因传播病毒病而致畸形、矮化,有时会出现煤污病。口器为刺吸式或锉吸式,如蚜虫、叶蝉、蓟马等。

蛀茎潜叶性害虫:个体较小,其幼虫钻入茎秆或潜入叶片内部危害,造成草坪草"枯心"或"鬼画符"叶,严重时草坪枯黄一片,如麦秆蝇等。

食根性害虫:主要生活在地下,危害草坪草根部或茎基部,造成草坪黄枯,如蝼蛄、蛴螬等。

（4）有时根据草坪受害部位,也可简单把草坪害虫分成根部和茎叶害虫两大类。根部害虫又称地下害虫,一生全部或大部时间都在土壤中生活,主要危害草坪地下和近地面部分;茎叶害虫主要取食草坪草茎叶等地上部,这类害虫再按取食方式,分为咀嚼式、刺吸式和锉吸式口器害虫。

2.草坪害虫的危害方式与症状。草坪害虫主要通过取食和产卵行为对草坪产生危害,部分害虫产生的分泌物也可对草坪产生一定危害。

（1）地下害虫的危害方式与症状:地下害虫咬食草坪草根和地下茎造成草株死亡,致使草坪稀疏、形成斑秃,甚至成片枯萎死亡。

（2）地上害虫的危害方式与症状:地上害虫主要咬食草坪草叶茎和吸食其液叶,轻则造成茎、叶缺刻,重则食光全部地上部,或造成茎、叶失绿甚至萎蔫枯黄。

（3）害虫的其他危害方式与症状:有些昆虫虽然不吃草坪草,但也危害草坪。蚂蚁挖土筑穴,蜜蜂、土蜂等筑巢影响草坪美观;有些害虫如叶蝉和飞虱等在草坪草茎叶上产卵,造成伤口,严重时也可引起草株枯萎和死亡;有些害虫如蚜虫和介壳虫等产生的分泌物污染草坪茎叶,影响光合作用,甚至引发霉病等伤害草坪;还有些昆虫,本身对草坪无影响,但可危害人类健康,如跳蚤等不仅叮咬人体,还吸血传染疾病;还有些昆虫则是草坪病害的媒介,携带或传播病菌,造成草坪发病。草坪有害螨类及其他有害动物,则主要啃食草坪草,掘土打洞,破坏草坪景观效果。

(二)草坪害虫的识别与鉴定

1.草坪害虫的识别。通过草坪害虫挂图、标本或新鲜活体观察识别蛴螬、地老虎、蝼蛄、黏虫、蚜虫、螨类等草坪常见害虫的蛹、卵、幼虫、成虫的形态特征及各种害虫对草坪的危害症状。

2.草坪害虫的鉴定。野外自行采集草坪害虫样本,根据害虫形态特征进行识别鉴定并将害虫样本制成标本保存。

(三)草坪虫害调查

1.草坪虫害调查的内容。草坪虫害调查的内容依据调查的目的而定。如果是草坪虫害普查,则其调查内容一般包括某一地区草坪虫害的分布、种类、大概危害程度等,对草坪虫害危害程度的计算并不要求十分准确,其调查数据记录可参考表4-4、表4-5。如果是对特定草坪地块的虫害进行重点调查时,则需深入了解该虫害的分布,还需进行虫情测定,除需进行该草坪虫害的田间观察外,还时常要进行相关的访问和座谈。进行草坪虫害数据统计分析时须精确计算草坪害虫的危害程度和防治效果等。无论草坪虫害普查还是草坪虫害重点调查,均可根据调查的目的自行设计草坪虫害调查记录表格。

表 4-4　草坪虫害一般调查记录表(田块记录法)

草坪类型:＿＿＿＿＿＿　调查地点:＿＿＿＿＿＿　调查日期:＿＿＿＿＿＿　调查人:＿＿＿＿＿＿

害虫名称	危害程度(无、轻、中、重)									
	草坪地1	草坪地2	草坪地3	草坪地4	草坪地5	草坪地6	草坪地7	草坪地8	草坪地9	草坪地10

表 4-5　草坪虫害一般调查记录表(种类记录法)

草坪类型:＿＿＿＿＿＿　调查地点:＿＿＿＿＿＿　调查日期:＿＿＿＿＿＿　调查人:＿＿＿＿＿＿

害虫名称	危害部位	发生特点	危害程度(无、轻、中、重)

2.草坪虫害调查时期和次数的确定。草坪虫害调查时期和次数应依据调查目的,结合虫害发生时期和危害情况等因素确定。如果仅仅只需要了解某草坪虫害的一般发生危害情况,则在其虫害盛发期进行一次调查即可。如果需要观察某草坪虫害的发生、发展规律,就必须定点、定时进行系统观察。

3.取样。草坪虫害调查取样常采用随机取样法,实际操作时常采用五点法、对角线法、Z字形法、平行线法等方法取样。可根据待调查目标害虫的发生分布规律,确定适宜的布样方式。

(1)五点式取样法:适合于随机分布型草坪虫害。

(2)对角线取样法:适合于随机分布型草坪虫害。

(3)Z字形取样法:适合于嵌纹式分布型草坪虫害。

(4)分行取样和平行线式取样法:适合核心分布型草坪虫害。

4.虫口测定。因待调查草坪害虫栖息场所、活动能力、趋性的不同,可采用不同的测定方法对待调查草坪害虫进行虫口测定,将测定结果填入表4-6。

表4-6　草坪虫口密度调查统计表

草坪类型:_____　调查地点:_____　调查日期:_____　调查人:_____
草坪草种:_____　取样方式:_____　样方面积:_____

取样点号	昆虫名称	虫期	栖息或附着部位	主要为害部位	危害状	虫口数(头或枚)	虫口密度(头或枚/m²)

(1)地上样方测定:对于栖息(附着)草坪地面及草坪草植株上的虫卵(或卵块)、幼虫、若虫、蛹及不甚活跃的成虫,多采用地上样方测定法进行草坪害虫的虫口调查。每个样点划定一定面积,查数其中草坪地面和草坪草植株上的虫口数量。统计时采用1 m²内的虫口数表示虫口密度。根据虫口的密集程度,样方面积可为1 m²、0.5 m²或更小;样方形状可为长方形或正方形。

(2)地下样方测定:对于栖息活动于草坪地下的害虫(虫态),多采用挖土法进行调查。样方面积50 cm×50 cm或50 cm×100 cm。样方深度依待调查害虫对象入土深度而定。调查样方内土中的虫口数量。必要时可进行分层调查。统计时采用1 m²内的虫口数表示虫口密度。

(3)网捕测定:对于飞翔的草坪害虫或行动迅速不易在草坪草植株上计数的害

虫,多采用网捕法进行调查。沿布样路线,用标准捕虫网,边行进边在脚前横向往复挥网扫拂草层。对草坪害虫扫网应特别注意的是网轨应基本与草坪地面平行。每次挥网的间隔距离应基本相等,并注意计挥网次数。捕虫网来回扫动一次为 1 复次,一般以 10 复次为一个样点。统计时以平均 1 复次或 10 复次的虫口数表示虫口密度。

(4)诱集测定:利用待调查草坪害虫的趋性,设计特殊的诱集器械捕获飞虫,并定时查数单位时间内每个诱集器械诱获的虫口数。如采用黑光灯、汞灯诱集蛾类等多类飞虫;采用糖、酒、醋液诱集地老虎;采用黄色盘诱集有翅蚜虫和飞虱;采用谷草把诱集虫卵等。

(四)草坪害虫的化学防治试验

1.杀虫剂种类的选择。杀虫剂是一类用于防治农林和草业有害昆虫或螨类害虫的农药。

(1)杀虫剂的类型:杀虫剂种类极多。杀虫剂按原料来源可分为如下类型:有机合成杀虫剂(有机氯杀虫剂、有机磷杀虫剂、有机氮杀虫剂、拟除虫菊酯类杀虫剂、脲类杀虫剂、杂环类杀虫剂等)、无机杀虫剂、微生物杀虫剂、植物性杀虫剂等。杀虫剂按作用方式可分为如下类型:胃毒剂、触杀剂、熏蒸剂、内吸剂、驱避剂(忌避剂)、引诱剂、拒食剂、不育剂、激素干扰剂、粘捕剂等。

(2)杀虫剂的选择:各种杀虫剂都有一定的毒力作用和防治对象。因此,为了有效防治草坪害虫,首先必须选择合适的药剂。一是要准确诊断草坪害虫的种类,选择符合环保要求的高效、低毒、低残留农药及杀虫剂。要坚持对症下药,防止误诊而错下农药及杀虫剂,贻误防治适期;在防治时最好选用矿物性药剂、微生物与植物性药剂及高效低毒低残留药剂,这样既可以防治草坪害虫,又能保护天敌,维持生态平衡。另外,飞虱、叶蝉等害虫往往混合发生,应考虑采用对 2 种害虫均有效的药剂。二是要选择适宜的剂型与使用方法。为了提高药效,减少污染,可选择微乳剂、固体乳油、悬浮乳油、可流动粉剂、微胶囊剂等新型农药剂型以及低量喷雾技术、静电喷雾技术、循环喷雾技术、药辊涂抹技术、热雾技术、温控电热蒸发器、风送喷雾技术等农药使用新技术。此外,还可根据供试草坪害虫种类与上述杀虫剂选择原则选择 2～3 种适宜的杀虫剂化学药剂进行草坪虫害化学防治试验。

2.试验小区设置。在供试草坪地设置草坪虫害化学防治试验小区,小区面积 10 m×5 m,小区间隔 2 m,小区排列可采用完全随机、随机区组、裂区设计等。3～5 次重复。药效比较试验应设计对照区,可以不施药处理为空白对照。

3.药液配制与喷雾。每种待试验杀虫剂均按使用说明中的常规稀释倍数稀释配药;按杀虫剂的喷雾说明要求对待试验草坪进行喷雾;记录施药时间、用药量(常用单位为克有效成分/公顷);注意对照试验小区应喷洒等体积的清水;转换药剂时喷雾器必须清洗干净;小区喷药时一般不应换人。

4.药效调查与记录。

(1)施药前1天调查草坪害虫的虫口密度。每个试验小区内设4个样方,样方面积50 cm×50 cm,以4样方平均数作为该小区虫口密度。

(2)试验过程中应观察药剂对草坪草药害的有无、出现药害的日期、药害症状及程度、草坪草生长发育异常现象等,还应观察药剂对草坪草品质有无影响及对草坪草翌年生长发育的影响。

(3)施药后的3 d、6 d、9 d对虫害防治效果进行调查(表4-7),对调查数据进行统计分析,计算防治效果,确定最适宜的用药种类。

表4-7　草坪虫害防治效果调查表

草坪类型:_____　　调查地点:_____　　喷药日期:_____　　调查人:_____

处理	取样点号	害虫名称	虫口密度				虫口密度减退率/%				防治效果/%			
			施药前	施药后			施药前	施药后			施药前	施药后		
				3 d	6 d	9 d		3 d	6 d	9 d		3 d	6 d	9 d

有关计算公式如下:

$$虫口减退率=\frac{药前虫口-药后虫口}{药前虫口}\times100\%$$

$$防治效果=\frac{药前虫口+对照虫口增长量-药后虫口}{药前虫口+对照虫口增长量}\times100\%$$

四、作业

1.观察供试草坪害虫标本,根据其形态特征对害虫标本进行鉴定。

2.选择一块草坪,对其虫害进行重点调查,写出调查报告。

3.根据虫害调查报告,设计并进行草坪虫害的化学防治试验,并对防治试验效果进行统计分析,写出草坪害虫的化学防治试验报告。

实验四 草坪常见杂草的识别、 调查与化学防除

一、实验目的

草坪杂草是指草坪上除栽培的草坪草以外的其他植物。草坪杂草可影响草坪品质和观赏效果及草坪草生长发育;可增加草坪养护的困难和强度;可滋生草坪病虫;甚至影响人畜安全。因此,杂草是草坪的大敌,轻者使草坪退化,并为病虫害提供良好的寄宿地,导致草坪秃斑的形成,影响草坪景观;重者将整块草坪吞噬,使草坪杂草丛生而报废。因此,通过本实验,使学生了解当地草坪杂草的主要种类与危害程度;掌握当地常见草坪杂草的识别要点;掌握草坪杂草调查的方法及其化学除草方法。

二、实验材料与仪器设备

(一)实验材料

草坪杂草标本、草坪杂草照片(幻灯片或电子照片)、草坪杂草实物样本、长有杂草的草坪。

(二)实验仪器设备

标本采集箱、手持放大镜、剪刀、草坪草小铲、小锄头、塑料袋、镊子、卷尺、量杯、天平、塑料水桶、喷雾器、常用草坪除草剂、标签纸、铅笔、记录本等。

三、实验步骤与方法

(一)草坪常见杂草的识别与调查试验

1.实验室内准备工作。组织学生对草坪常见杂草标本、照片(幻灯片)、实物样本进行形态特征观察,初步对草坪常见杂草进行识别。

2.室外草坪杂草的基本情况调查。每年春、夏、秋、冬四个季节(具体时间因地而异),组织学生到草坪现场,进行草坪杂草的主要种类和危害等基本情况调查。

记载各草坪杂草的形态特征并采集标本。草坪杂草基本情况的调查方法如下：

在待调查草坪样地取 5～10 个 1 m×1 m 的样方，调查其中草坪杂草的种类、密度、盖度、频度及株高等调查项目，数据填入表 4-8 中。密度测定用样方实测法。盖度测定采用针刺法或目测法。调查中如不能确定杂草种类，则先记录其标本号，待室内鉴定后再补充记录。根据草坪样地中杂草密度、盖度、高度和频度等指标对草坪杂草危害程度按危害严重、较严重、中等、较弱和无等 5 级进行分类。

表 4-8　草坪杂草基本情况调查表

草坪建植　　年　月＿＿＿草坪草种组合＿＿＿生长状况＿＿＿管理水平＿＿＿调查日期

杂草名称	密度/%				盖度/%				频度/%				株高/cm			
	样方1	样方2	…	平均	样方1	样方2	…	平均	样方1	样方2	…	平均	样方1	样方2	…	平均

3.室内草坪杂草的形态特征识别与鉴定。对采集的草坪杂草标本进行形态特征的识别，观测并记录其叶片、茎、根、花序与种子等器官各部分的多项形态指标（表 4-9）。

表 4-9　草坪杂草识别鉴定表

采集地点：＿＿＿＿＿＿　采集时间：＿＿＿＿＿＿　采集人：＿＿＿＿＿＿

标本序号	植物学特征							植物学名	鉴定人
	叶片形状	叶鞘及叶舌	茎形状	根形状	根茎	花序	种子形状与颜色		
1									
2									
3									
4									
5									
⋮									

对于较为常见、容易识别的草坪杂草种类可以直接鉴定确认。难以识别的草坪杂草种类，则在教师的指导下，查阅有关资料，完成进一步的鉴定工作。

(二)草坪杂草的化学防除试验

1.除草剂种类的选择。草坪杂草化学防除的关键在于根据草坪种类、杂草种类、除草剂性质、草坪生育时期等选用最合适的除草剂。

(1)根据草坪草的种类与生育时期选用合适的除草剂：因为不同的草坪草对除草剂的敏感性不一样，应依据不同草坪草选用不同的除草剂品种。据测定，草坪草的除草剂耐药性从大到小依次为沟叶结缕草(马尼拉草)＞杂交狗牙根＞多年生黑麦草＞高羊茅＞草地早熟禾＞匍匐翦股颖。

草坪不同生育阶段对除草剂的选用有所不同。如草坪播种阶段由于草坪种子对除草剂最敏感，所以，一般选择在草坪播后苗前使用除草剂，并且选用对草坪苗期比较安全的除草剂，如环草隆等。如草坪定植时使用除草剂，由于铺植的草坪有一个扎根成活的过程，耐药性比成坪草坪差，应选择比较安全的除草剂，如恶草灵等。如草坪生长期与休眠期使用除草剂，则更要注意除草剂的选择。并且，应注意土壤处理和茎叶处理交替使用，才可有效防除草坪杂草。

(2)根据草坪杂草的种类与生育期选用合适的除草剂：应根据草坪杂草的种类分别选用防除禾本科杂草、莎草科杂草和阔叶类杂草的除草剂；还应根据草坪杂草的生育期分别选用萌前除草剂和萌后除草剂。萌前除草剂在目标草坪杂草萌发前几周使用才有效，如草坪宁1号、乙草胺等，此类除草剂一般用作土壤处理；萌后除草剂在目标草坪杂草出苗后使用才能确保防治效果，如2,4-D、绿茵5号等，此类除草剂一般采作表施(叶面喷施)。

(3)根据草坪杂草除草剂性质选用合适的除草剂：应根据除草剂的不同性质选用合适除草剂。如除草剂有土壤封闭剂和苗后茎叶处理剂两种类型，应分别在草坪建植前与建植后的不同阶段使用，而且应采用相应的土壤处理和茎叶喷施方法。又如除草剂有广谱性除草剂和专一性除草剂两种类型，应根据草坪杂草种类选用相应的专一性除草剂或广谱性除草剂。

除草剂依其灭杀作用与植物选择性的关系，可分为灭生性除草剂(非选择性除草剂)和选择性除草剂两类。灭生性除草剂对所有植物(包括草坪草)都有杀伤作用，如草甘膦，因此，该类除草剂一般只能在草坪建植前进行土壤处理时使用。选择性除草剂对某一类杂草有很高的杀伤作用而不伤害其他类植物，如2,4-D对阔叶杂草的杀伤性强，而对禾本科草坪草的杀伤性弱，因此，该类除草剂可用禾本科草坪的阔叶杂草的防除。

2.草坪杂草的化学防除试验。可根据上述除草剂选用原则选用2～3种适宜的除草剂,进行草坪杂草的化学防除试验。

(1)试验小区设置:在供试草坪地上设置试验小区,小区面积为 1 m×1 m,随机区组排列,3 次重复。小区间隔 1～3 m。喷药前对小区内的草坪杂草种类、数量及株高等指标进行测定(表 4-10)。

表 4-10　草坪杂草化学防治效果调查表

处理	小区编号	杂草种类				杂草高度/cm				杂草数量/株			
		处理前	处理后			处理前	处理后			处理前	处理后		
			7 d	15 d	30 d		7 d	15 d	30 d		7 d	15 d	30 d
对照	1												
	2												
	3												
	4												
	5												
	⋮												

注:杂草防除效果调查一般可用数量法、重量法和目测法。本试验采用目测法。①数量法:防效＝(喷药前杂草数−喷药后杂草数)/喷药前杂草数×100%;②重量法(鲜重或干重):防效＝(对照区杂草重−喷药区杂草重)/对照区杂草重×100%;③目测法:以不除草对照区的杂草干扰度为 100%,目测估计各处理区的杂草干扰度占对照区的百分率。防效(%)＝对照区杂草干扰度−喷药区杂草干扰度。

(2)除草剂药液配制:草坪杂草化学防除的标准就是花最少的药量达到最好的除草效果,即高效、安全、经济。一般草坪杂草的除草剂防除试验可配制所选除草剂使用说明中标准(或推荐)用药浓度的 0.5 倍、1.0 倍、1.5 倍等 3 个处理浓度的药液(也可自行设计其他用药浓度处理)。

(3)除草剂施用:根据草坪除草剂的性质和杂草的发生期,以及杂草和草坪的生育期,选定合适的用药期,是用好草坪除草剂的关键之一。此外,草坪使用除草剂效果与环境条件密切相关。用好草坪除草剂,还必须注意光照、温度、降雨、土壤性质等环境因素对药效的影响。一般可选择阳光充足的晴朗的天气对草坪进行除草剂溶液喷雾,每个药液处理浓度喷施 3 个小区,特别应注意每个小区喷洒药液体积要相同,对照小区喷洒等体积的清水。

(4)除草剂施用效果观测及结果分析:除草剂与对照处理后的 7 d、15 d、30 d分别进行杂草防除效果调查(表 4-10),并对各杂草防除效果指标进行统计分析,确定选用除草剂适宜、经济的用药浓度。

四、作业

1.对某供试草坪进行杂草调查与识别,填写表 4-9。

2.描述当地草坪杂草的主要类别及其发生特点。

3.对某供试草坪进行草坪杂草化学防除试验,写出草坪杂草防除的试验报告并分析其防除效果,填写表 4-10。

实验五 草坪养护及常用机械

一、实验目的

在草坪的建植于养护过程中，会使用不同种类的草坪专业机械，以完成草坪中的各项任务通过实地操作演示初步了解草坪专用机械操作的基本常识，熟悉操作要领，掌握操作方法。了解我们在草坪当中为何应用它，这些措施对草坪有什么好处，这些措施在应用机器时的注意事项。

二、实验材料与用具

旋耕机、播种机、草坪修剪机、草坪打孔器、起草皮机、草皮切边机、梳草机、滚压机、垂直切割机。

三、实验内容与步骤

(一)旋耕机

旋耕机是一种由动力驱动的土壤耕作机具。其耕作碎土能力强，一次作业能起到犁几次操作的效果，耕后地表平整，土壤疏松，能基本满足要求。这种机器适用范围广，各种土壤都可使用，而在熟土上使用更佳。翻耕松土前施入基肥或土壤改良剂，通过旋耕机作业，可以均匀混合。小型的旋耕机特别适合于一般单位建植小面积草坪使用，既耕作又平整地，操作简单，灵活方便，省人工，花费少。

旋耕机主要由电动机、传动系统、旋转刀轴、刀片、耕深调节装置和罩壳等部分组成。其主要工作部件是旋转刀轴和刀片。耕作时刀片一方面由动力输出轴驱动作回旋运动，一方面随机组前进作等速直线运动。刀片在切破土过程中，先将土块切下，随即向后方拖出，土块撞击罩壳与旋板上面粉碎，然后再落回到地面上。由于机器不断前进，刀片就连续不断地对未耕地进行切土松碎。

旋耕机的类型很多，可根据土地面积及使用率选择使用。

(二)草坪播种机

种子播种机械有多种类型,草坪上常用的有手摇式撒播机和简易撒播车(机)。有些国家使用的简易撒播车由种子箱、转动轴和送种板构成。种子箱后下方有许多可调节启闭的输种孔,当播种车前进时,通过能动轴和送种板的作用,种子不断地从输种孔出来,均匀地撒播在坪床上,随后即用特别工具把种子覆盖。

中国在种子直播建植草坪中普及推广使用的是手摇式撒播机,这种撒播机使用效果良好。该机由种子袋、手摇传动装置、旋飞轮等部分组成,播种时手摇转动飞轮,种子袋中种子就会旋飞播出去。根据种子大小和播种量多少,调节下种量,可控制下种速度。该机体积小、重量轻、结构简单,不受地形、环境影响,不仅适用于大面积播种,更适用于在复杂场地下使用。牵引式播种机是由内燃机动力牵引的一类中、大型播种机。播种系统拖挂在牵引机后,基本是独立的。种子箱下伸出许多下种管,下种管旁有小的圆盘犁,机械行进时,圆盘犁轻轻地划破坪床成一条条浅浅的小沟,种子就落入小沟内,浅埋在种植层中。根据它的下种方式实为条播式播种机,与农业上使用的大多数大型播种机相似。大面积播种建坪时多使用这种机械,效率很高,依地形的变化可以自行调节,不受环境、气候的影响。

当草坪建成功后,需补播另一种草种时,牵引式播种机有它无可比拟的优势,如结缕草建成的草坪,需补播黑麦草使草坪在冬季也能显现绿色,这种播种机的圆盘犁能切开草坪,使黑麦草种直接落入土壤中,利于种子发芽出苗。

(三)草坪修剪机

1.草坪机。草坪机由刀盘、发动机、行走轮、行走机构、刀片、扶手、控制部分组成。

(1)工作原理。刀盘装在行走轮上,刀盘上装有发动机,发动机的输出轴上装有刀片,刀片利用发动机的高速旋转,对草坪进行修剪。

(2)使用的条件。2 000 m² 以下的草坪,可以选用手推式草坪机;2 000 或 2 000 m² 以上的草坪,可以选用自走式草坪机;草坪上树木和障碍物较多时,可以选择前轮万向的草坪机。面积较大时,可以选择草坪拖拉机,一般,1.07 m(42 英寸)的草坪拖拉机适用于 12 000～15 000 m² 的草坪,1.17 m(46 英寸)的草坪拖拉机适用于 20 000 m² 以下的草坪。

(3)使用注意事项。

清理场地:清除石块、树枝、各种杂物。对喷头和障碍物做上记号。

着装:厚底鞋、长裤,主要是防止刀片打起石块飞溅伤人。

场地:斜坡角度超过15°的不能剪草,以防伤人和损坏机械。下雨和浇灌后不可立即剪草,以防人员滑倒和机械工作不畅。

特别强调:剪草机作业时,10 m 范围内不可有人,特别是侧排时侧排口不可对人。调整机械和倒草时一定要停机。绝对不可在机械运转时调整机械和倒草。

高度调节:要根据草坪的要求确定剪草后的留茬高度,南方的暖季型草坪留茬一般为 3 cm,北方的冷季型草坪留茬高度为 5 cm。剪草时剪去的高度为草原来高度的 1/3。剪草时只能沿斜坡横向修剪,而不能顺坡上下修剪。在坡地上拐弯时要特别小心。当心洞穴、沟槽、土堆等及草丛中的障碍物。

安全手柄的作用和使用:草坪机的安全控制手柄是控制飞轮制动装置和点火线圈的停火开关。按住安全控制手柄,则释放飞轮制动装置,断开停火开关,汽油机可以启动和运行。反之,放开安全控制手柄,则飞轮被刹住,接上点火线圈的停火开关,汽油机停机并被刹住。即只有按住安全控制手柄,机器才能正常运行,当运行中遇到紧急情况时,放开安全控制手柄则停机。所以,运行时,千万不可以用线捆住安全控制手柄。

机械的保养:每次工作后,拔下火花塞,防止在清理刀盘、转动刀片时发动机自行启动。

检查刀片:草坪机刀片要经常研磨保持锋利,修剪出的草坪才能平齐好看,剪过的草伤口小,草坪不容易得病。反之,不但对修剪的草坪不好,对草坪机传动轴的阻力加大,增大了草坪机的负荷,降低工作效率,运转温度升高,加剧机器的磨损,因此要保持刀片的锋利,提高工效并保证机器的正常运行。同时,应经常检查草坪机刀片是否平衡,如果刀片不平衡,会造成机器震动,容易损坏草坪机部件。

2.割灌割草机。割灌割草机是一种直杆肩挎机动割草机,小型轻便,净重为 6.3~10.0 kg,由发动机、手把直杆、圆盘及高质尼龙绳等部件组成。动力驱使杆头圆盘高速旋转的尼龙绳打断草头。割草高度由人手扶控制。该机修剪草坪面的均一性很差,但在多树的草坪及地形起伏较多的地域,使用起来方便灵活。

割灌机是园林工作中经常使用的一种园林机械,主要用于林中杂草清除、低矮小灌木的割除和草坪边缘的修剪。下面介绍使用中应注意的几个问题,供使用者参考。

(1)操作时的劳动保护。

①要穿紧身的长袖上衣和长裤,为了避免危险不要穿短袖、裙子和大衣进行作业。

②作业时要戴上工作手套、安全工作帽,穿防滑工作鞋,戴防护眼镜。

(2)操作前的检查。

①检查安全装置是否牢固,各部分的螺丝和螺母是否松动,燃油是否漏出。特

别是刀片的安装螺丝及齿轮箱的螺丝是否紧固,如有松动应拧紧。

②检查工作区域内有无电线、石头、金属物体及妨碍作业的其他杂物。

③检查刀片是否有缺口、裂痕,弯曲等现象。

④检查刀片有无异常响声,如有要检查刀片是否夹好。

⑤发动的时候一定要将割灌机离开地面或者有障碍的地方。

⑥启动发动机时一定要确认周围无闲杂人员。

⑦启动发动机时,一定要确认刀片离开地面的情况下再启动。

⑧温度低时启动应将阻风门打开,热车启动时可不用阻风门。

⑨先慢慢拉出启动绳,直到拉不动为上,待弹回后再快速有力地拉出。

⑩空负荷时应将油门扳至怠速或小油门位置,防止发生飞车现象;工作时应大油门。

⑪油箱中的油全部用完重新加油时,手动油泵最少压 5 次后,再重新启动。

⑫不要在室内启动发动机。

(3)技术保养。

①新出厂的割灌机从开始使用直到第三次灌油期间为磨合期,使用时不要让发动机无载荷高速运转,以免在磨合期间给发动机带来额外负担。

②工作期间长时间全负荷作业后,让发动机做短时间空转,让冷却气流带走大部分热量,使驱动装置部件(点火装置、化油器)不至于因为热量积聚带来不良后果。

③空气滤清器的保养。将风门调至阻风门位置,以免脏物进入进气管。把泡沫过滤器放置在干净非易燃的清洁液(如热肥皂水)中清洗并晾干。更换毡过滤器,不太脏时可轻轻敲一下或吹一下,但不能清洗毡过滤器。注意,损坏的滤芯必须更换。

④火花塞的检查。如果出现发动机功率不足、启动困难或者空转故障时,首先检查火花塞。清洁已被污染的火花塞,检查电极距离,正确距离是 0.5 mm,必要时调整。为了避免火花产生和火灾危险,如果火花塞有分开的接头一定要将螺母旋到螺纹上并旋紧,将火花塞插头紧紧压在火花塞上。

(4)安全操作规程。

①按规定穿工作服和戴相应劳保用品,如头盔、防护眼镜、手套、工作鞋等,还应穿颜色鲜艳的背心。

②机器运输中应关闭发动机。

③加油前必须关闭发动机。工作中热机无燃油时,应在停机 15 min,发动机冷却后再加油。发动机热时不能加油,且油料不能溢出。

④不要在使用机器时或在机器附近吸烟,防止产生火灾。

⑤保养与维修时,一定关闭发动机,卸下火花塞高压线。

⑥在作业点周围应设立危险警示牌,以提醒人们注意,无关人员最好远离15 m以外,以防抛出来的杂物伤害他们。

⑦注意急速的调整,应保证松开油门后刀头不能跟着转。

⑧必须先把安全装置装配牢固后再操作。

⑨如碰撞到石块、铁丝等硬物,或是刀片受到撞击时,应将发动机熄火。检查刀片是否损伤,如果有异常现象时,不要使用。

⑩在高温和寒冷的天气作业时,为了确保安全,不要长时间地连续操作,一定要有充分的休息时间。

⑪雨天为了防止滑倒,不要进行作业;大风天气或大雾等恶劣气候下也不要进行作业。

⑫添加燃油时一定不要漏溢,如果漏溢了,应擦拭干净后再加油。

⑬割灌机添加完燃油后,将机器移到其他地方进行发动。

⑭操作时一定尽量避免碰撞石块或树根。

⑮长时间使用操作时,中间应休息,同时检查各个零部件是否松动,特别是刀片部位。

⑯操作中一定要紧握手把,为了保持平衡应适当分开双脚。

⑰操作时不要着急。

⑱工作中要想接近其他人,请在10 m以外的地方给信号,然后从正面接近。

⑲操作中断或移动时,一定要先停止发动机,搬动时要使刀片向前方。

⑳搬运或存放机器时,刀片上一定要有保护装置。

㉑所割树桩直径不超过2 cm。

㉒只能用塑料绳做切割头,不能用钢丝替代塑料绳。

3. 保养。各种类型的剪草机都需要精心维护。机件的保养很重要,保养得好,不但延长使用寿命,而且在多次使用后,工作效果不会有大的改变。剪草机的保养与汽车的保养一样,需要定期对各部件进行检查,清除污物,添注润滑油。容易磨损的刀具更需要经常研磨。大面积的草坪,刈剪工作是繁重的。每一次剪草工作后,机体上会粘住大量的草屑,刀具上的草屑更多,如果不清洗,刀具容易生锈,转动不灵活,也影响到以后的剪草工作的进行。在有病菌侵入的草坪刈剪完成后,清除草屑更为重要,可以防止下一次刈剪时病菌的重复侵染。

剪草机的刀具部分是经常旋转滚动的,如果不加注润滑油,这些部件容易生锈,且磨损很大。一台新的剪草机在不添加润滑剂的情况下,使用寿命不超过3

年。在草坪生长旺盛、刈剪工作频繁的情况下,工作 2～3 次后就需要加注黄油润滑 1 次。在冬季或草坪草停止生长,长期不需要刈剪时,剪草机的刀具应拆下来,在刀片上涂上一层油膜,作为防止腐蚀、生锈的保护层。

只有刀口锋利的剪草机才能在剪后使草坪达到美观的理想状态。刀片在大量的刈剪工作后,磨损很大,刀口变钝,需要进行研磨。旋转式剪草机的刀片可以单独拆下来,送到刀具加工厂很方便地进行打磨。滚筒式剪草机的弯刀和底刀的拆装很困难,弯刀组合是焊接在一起的,呈弯曲形状,打磨比较困难。在日本出售的剪草机中,都有专门的用于研磨刀片的机具和材料。研磨材料是由金刚砂粉混合在乳胶液中制成的。将刀具翻转过来,涂抹上金刚砂,使滚刀反向旋转,在滚刀、底刀狭窄的间隙里,使金刚砂、底刀、滚刀相互摩擦,达到研磨刀片的目的。磨刀片前,需要调整滚刀、底刀间隙,并且使滚刀轴与底刀平行,才能开始研磨。磨刀完成后,要再次调整间隙,使之达到合适的剪草宽度。

(四)草坪打孔器

草坪打孔器用于草坪坪床打孔,以改善土壤通气状况和透水性,促使草根养分吸收。对人类活动或践踏频繁的草坪,如足球场、高尔夫球场球盘草坪,进行打孔尤为重要。

草坪打孔机有手动和机动两种形式。手动打孔机是在一个金属框架上端装手柄,下端装 4～5 个打孔锥齿,有空心和实心两种,使用时脚踏金属框,把锥齿压入草坪土壤中,然后将锥齿拉出即行,它适用于小面积草坪或局部的草坪处理。

大面积草坪适宜使用自走式草坪打孔机。该机有一圆筒形机架,机架上紧围着装有打孔锥的栅条,栅条能够旋转,并具有弹性,因此,锥体能垂直插入和拔出土壤。草坪打孔机的打孔锥,是草坪打孔机的直接工作部件,打孔机作业时,每个平板随水平轴旋转,板上打孔锥就因自重而插入和拔出土中。打孔锥是空心的,土可以从锥中心排出,适用于草皮整修、填沙和补播。如果是实心圆形锥,插入草皮,将孔周围土壤挤实,除能破碎草皮外,还有助于草坪表面的排水作用。草坪打孔机的目的是使草根通气。

草坪打孔作业不仅能改善地表排水,还能促进草根对地表营养的吸收,有时还能达到补播的目的。

(五)起草皮机

用起草皮机铲取草皮,不仅速度快,效率高,而且新起的草皮质量高,厚薄均一,容易铺设,利于草皮的标准化和运输流通。

起草皮机都装有两把 L 形起皮刀,由单缸汽油机驱动。动力由三角皮带或链条传给橡皮轮,整机由 1 只或多只橡皮轮位于后部支撑。有的起草皮机还附装直刀片,可将铲起的草皮按需要的长度切断。草皮机铲起草皮作业时,刀插入草皮后,依靠刀的往复运动而整齐地切起草皮。刀插入草皮的深浅决定起草皮的厚度,一般草皮厚度控制在 7.5 cm 左右。草皮宽度决定于两把刀片垂直部分间的距离。小型起草皮机铲草皮宽度约为 30 cm,工作效率每分钟可铲起 10 m² 草皮。大型的起草皮机铲草皮宽度可达 100 cm,铲起的草皮可由机器掀起,捆好堆放。

起草皮作业也可由拖拉机牵引的草皮犁来完成。草皮犁是一个圆滚筒,滚筒两端直径较大部分是锋利的刀口,当滚筒在草皮上滚动时,刀口入土切出两条平行的长槽,随后有两把水平刀片在草皮下往返切割,最后将草皮提起。

(六)草皮切边机

草皮切边机是一种为修整草皮边缘,使草坪装饰美观的机具。这种机具具一组垂直刀片,装在马达轴上或由小型三角皮带驱动的轴上,刀片突出草坪的边缘,有锐利刀口的刀片高速旋转时将草皮垂直切割。

草坪边缘的草株,常因植物边缘效应等原因生长十分茂盛,延伸至草坪界限以外,影响景观或使用,所以要经常进行切边。切边可使用手工机械,也可使用动力机械。

切边时要向下斜切 3～4 cm 深,切断草根(茎),有的还要清除伸入运动场跑道塑胶层中的地下根茎,再修整地面边缘。

草坪修边机通常以汽油或电动机为动力,动力仅供切刀运行,机体则由人推动。草皮切边机的切割深度由前面的滚筒或支撑来控制,升高滚筒,则增加切割深度。使用时要注意,刀片不能与石头相碰,否则会使机器跳起发生意外事故。刀片应经常打磨和保养。这种切边机也可当作小型旋刀式剪草机使用,用于修剪死角处的草坪。

(七)梳草机

梳草的作用是将枯死和多余的草和草根梳除,以保证草坪草有足够的空间生长。大型草坪如体育场和高尔夫球场草坪一般使用机动梳草机,小面积草坪可以用手动梳草耙。

(八)碾压机

碾压机又称草坪碾压机,用于碾压坪床和碾压草皮,以使草坪表面平整和促进草坪草的分蘖生长。碾压机常用的有圆筒形、网环形和 V 形 3 种,而草坪镇压多用圆筒形。按动力不同亦可分为手推式和牵引式两大类型。圆筒形碾压机其碾轮由普通钢或铁铸造,也可由石头或木头制成,具有各种高度和直径。

大多数碾压机有配重装置,以调节碾压机的质量。配重装置通常在碾压机架上方设平台,附加水泥块、沙袋或铸铁增重。如碾筒中空,则可在筒中加水或沙以增重调节。重型碾压机由拖拉机牵引,多用于大面积草坪坪床的镇压。小型碾压机可由人力作业,多用于一般运动场草坪的碾压。

使用碾压机应根据自然条件、土壤以及草坪等情况而定,在黏重和潮湿土壤的坪床上就不宜采用,否则对草坪有害,或影响幼苗出土。现有一种具特殊吸水性能的碾压筒,在碾轮表面有一层吸水物质,作业时可吸收草坪的水分,这种碾压机可在潮湿场地进行滚压作业。

(九)垂直切割机

其专门用来疏松表土、清除草皮中的枯草,减少杂草蔓延,改善表土的通气透水,促进营养繁殖。该机的工作部分是由一系列安装在一根长轴上的旋转刀片或割刀组成的。该机在草坪上作业时,高速旋转的刀片可把枯草拉去,将表土切碎,同时将草坪草的部分地下根茎切断。按照垂直切割机刀片的大小和多少,设备可分手推式和自走式两种。工作深度可由装在机器前面或后面的调节滚轴或轮子来控制。设备作业时,将草坪上无用的枯草抛向机器的前方,这些枯草可留在草皮上或由装在设备前的附属装置收集起来。

八、作业

将不同机械进行比较,了解各种机械的作用和使用方法、注意事项,完成实验报告。

实验六 草坪坪用质量的综合评价

一、实验目的

本实验要求学生了解草坪坪用性状质量综合评价的内容及评分标准;掌握草坪坪用性状质量综合评价的原理和方法。

二、实验材料与用具

(一)实验材料

拟评价观赏草坪或游憩草坪。各类草坪不得少于3个小区。

(二)实验用具

样方、卷尺、刺针、强度计、直尺、剪刀、记录本、分光光度计。

三、实验内容与技术操作规程

草坪质量评定对于判断草坪品种的特性、草坪建植质量及养护水平的高低都有很重要的作用。在草坪质量定量评定中,主要以盖度、密度、频度、色泽、抗损伤程度这五个参数作为草坪主要的评定指标。

(一)评价标准

1.草坪外观质量评价。

(1)均一性:是对草坪平坦表面的评价。高品质的草坪应是高度均一的,不具裸露地、杂草、病虫害污点的,生育型一致的草坪。均一性包括两个方面:一是组成草坪的地上枝条;二是草坪表面平坦性的表面特征。因此,草坪的均一性受组成草坪的草坪草的种类、颜色、刈剪高度、质地、密度等条件影响。频度(或频率)是衡量均一性的主要指标。它是所测植物出现的次数占总测次数的比率,即出现率,通常用百分数表示。频度分析采用直径25.6 cm的样框设置10个样地。

（2）盖度：指草坪植被郁闭地面的程度，是植被覆盖地面的面积与总面积的比值，通常用百分数表示。一般与草坪的种类和管理技术密切相关。具有根茎、匍匐茎的草类覆盖性好，密丛与疏丛型草类则较差。在盖度测定中，每个样地取值应为 5 m²，它是将具有 100 个小点的 1 m² 样方设置 5 次。

（3）密度：是草坪质量重要的指标。可根据单位面积上的地上部枝条或叶的数量来测定密度，也可在刈割后利用密度测定器来测定。单位通常用株/cm²、茎/cm²、叶/cm² 表示。

（4）质地：是对叶宽和触感的量度。通常认为叶越窄品质越优。叶宽以 1.5～3.3 mm 为优。叶宽应在叶龄相同和叶着生部位相同的条件下测定。依草坪草种及品种叶宽可分为：

最细——细叶羊茅、绒毛剪股颖、非洲狗牙根；

细——狗牙根、六月禾、细弱剪股颖、匍匐剪股颖、沟叶结缕草；

中等——细叶结缕草、意大利黑麦草、小糠草；

微宽——苇状羊茅、狼尾草、雀稗；

宽——草地羊茅，结缕草。

2．草坪功能质量评价。

（1）刚性：刚性指草坪抵抗其他物体刻划或压入其表面的能力。可用土壤针入度仪、土壤冲击仪等测定。这类测定结果多以力的单位来表示。

（2）弹性：草坪弹性是指草坪在外力作用下产生变形，除去外力后变形随即消失的性质。草坪弹性受草坪草种类、修剪高度、根量、土壤物理性状等多种因素的影响，是草坪使用特性中的一个主要指标。如高尔夫球场草坪必须具有足够的弹性来保证球滚动方向的正确，而足球场草坪的弹性大小对于减少运动员受伤的程度具有重要的意义。

（3）回弹力：在评价运动场草坪弹性时多以球反弹性系数来间接表示。球反弹系数是指球反弹高度与下落高度的百分比。

$$球反弹系数 = \frac{反弹高度}{下落高度} \times 100\%$$

不同的运动项目对草坪反弹性的要求有所不同，如网球要求在 53%～58%，而足球则为 20%～50%。

3．其他项目评价。

（1）草皮强度：是指草坪耐受机械强度冲击、拉张、践踏能力的指标，可用草皮强度计测定，或用植株的损伤率来衡量。完好率的质量标准是依据运动 10 次和压强 10 kg/cm² 的情况下未受损伤的完好率。

(2)光滑度:是衡量运动场草坪质量的重要指标。可目测确定,但较准确的方法是球旋转测定器法。这种方法是在一定的坡度、长度和高度的助滑道上,把球向下滚动,记录滑过草坪表面球运动状态以确定草坪光滑性。

(3)生育型:是描述草坪草枝条生长特性。草坪草的枝条包括丛生型、根茎型和匍匐型三种类型。

(4)有机质层:产草量是草坪刈剪时所剪去的草量,是草坪生长的数量指标。生根量的大小可用土估量来确定,一是看活根数量的多少,二是看分布的层次。当活根分布于较深的表土内,则表明草坪的生长是正常的。

(二)评价方法

1.出苗速率。一般寿命越长的植物苗期生长发育越慢,寿命短的植物,苗期生长发育则快。草坪的迅速建成对减少种植后管理工作具有重要作用。

2.绿期。是指某一草坪群落中 60% 变绿至 75% 变黄(天数)之日的持续日数。绿色期的长短直接影响草坪草的利用。人们倾向于选用绿色期长的草坪草种或品种。

3.幼苗生长速度。生长速度决定着成坪的快慢。生长快的草种成坪非常快但维护强度大,成本高。而生长慢的品种则需要较少的维护。

4.草丛高度。指草坪植物顶部(包括修剪后的草群平面)与地表的平均距离。草坪草要求植株低矮,生长慢,不需经常修剪,维护强度低,但需要更好的肥、水条件和更高的管理水平。

5.叶色。是草坪植物反射日光后人目对颜色的感觉。评定草坪颜色的方法传统上是测定叶绿素的含量,一般采用分光光度法。此外在农业中也使用比色卡。测定草坪草绿度通常还采用目测法。

6.抗逆性。是指草坪草对寒冷、干旱、高温、水涝、盐渍及病虫害等不良环境条件和践踏、修剪等使用养护强度的抵抗能力。评价抗逆性主要有形态、生理、生化和生物物理等指标。

7.抗病虫能力。易感病的品种必须经常用杀菌剂进行处理,以防止病害发生。这会加大维护成本和工作量。抗病性强的品种可以减少药剂使用,降低成本。

草坪质量评定的项目及其方法见表4-11。

表 4-11 草坪质量评定的项目及其方法

项目	测定方法(单位)	备注
草种组成	针刺样方法/%	分种记录
盖度	点测法/%	
密度	样方刈剪法/(株/cm²)	
成坪速度	样方法(盖度达 75%时所需天数)	
均一性	样线法(杂染度)(%)或观察法	
质地	平均叶宽(量度法)/mm	分种记录
生育型	观察法	疏丛型、密丛型、根茎密丛型、根茎疏丛型
草坪弹性(光滑度)	球旋转测定器法(压强为 0.7 kg/cm² 足球,从 45°的斜面、高 1 m 处自由下滑)	滑动距离,偏向角
绿度(色泽)	比色卡法或分析法	
恢复力	刈剪法(平均日生长高度)/(cm/d)	分种记录
有机质层	剖面法(厚度)/cm	
夏枯	样方法(60%植株 50%部位枯黄)	记录枯黄所占的百分数
病害	观察法	
虫害	观测法	
杂草	观测法	
践踏能力		草坪强度计测定
绿期	60%变绿至 75%变黄/d	春季返青到冬季休眠的天数
分蘖	单株测定(分蘖/株)	分种记录

(三)草坪质量标准的综合评定及命名

1.依据统一的评定标准(表 4-12)给各项指标评分,确定各因素的得分:

表 4-12 草坪质量性状评定标准

性状	级别(评分)				
	V (<60)	IV (60~70)	III (71~80)	II (81~90)	I (>90)
密度/(枝数/cm²)	<0.5	0.5~1.0	1.0~3.0	3.0~5.0	>5.1
质地/cm	>0.5	0.4~0.5	0.31~0.4	0.21~0.3	<0.2
色泽	黄绿	浅绿/灰绿	中绿	深绿	蓝绿
均一性	杂乱	不均一	基本均一	整齐	很整齐
青绿期/d	<200	201~230	231~260	261~290	>290
抗病害性(受害/%)	>60	50~60	20~50	<20	未受害
密度	大面积地面裸露	部分地面裸露	零星地面裸露	枝条清晰可见	草坪成一整体
叶片抗拉力	极易断裂	较易断裂	易断裂	难断裂	极难断裂
成坪速度/d	>60	59~50	49~40	39~30	<30

2.确定各项指标的权重(表 4-13)。

表 4-13 4 种草坪类型部分草坪质量性状评价指标权重

草坪类型	10 个坪用指标的权重									
	密度	质地	叶色	均一性	绿色期	草层高度	盖度	耐践踏性	成坪速度	草坪强度
观赏草坪	0.20	0.15	0.20	0.15	0.10	0.05	0.10	0	0.05	0
游憩草坪	0.10	0.10	0.10	0.10	0.10	0.10	0.10	0.15	0.05	0.10
运动场草坪	0.10	0.05	0.10	0.10	0.05	0.10	0.05	0.20	0.05	0.20
水土保持草坪	0.10	0.05	0.10	0.10	0.10	0.05	0.10	0	0.20	0.20

3.用加权平均数求草坪质量的总分。计算时设 **U** 为草坪质量因素的集合，**V** 为质量等级的评价集合。

U＝｛盖度，频度，密度，色泽，完好率，……｝

V＝｛Ⅰ级、Ⅱ级、Ⅲ级、Ⅳ级、Ⅴ级｝

R 是从 **U** 到 **V** 上的一个关系，$r_{ij}(i=1,2,\cdots,10;j=1,2,3,4,5)$ 表示从第 i 个因素着眼，对被评价草坪做出第 j 种评语的测定。固定 $i(r_{i1},r_{i2},\cdots)$ 就是 **U** 在 **V** 上的一个关系子集。这是从第 i 个因素的角度对于被评价草坪所做的单因素评价，而要对草坪做出综合评价，就须综合考虑影响草坪优劣的 10 种因素，从因素对草坪质量的影响程度来确定。设 10 个指标的权重分别为 $P_1,P_2,\cdots,P_{10}$，得分依次为 $a_1,a_2,\cdots,a_{10}$，则总评分为 $U=\sum a_k P_k(k=1,2,\cdots,10)$。

通过加权平均法所求得分，对照草坪质量等级表，确定质量标准，并进行质量命名以完善综合评定。

4.根据总体评价的分值确定质量等级（表 4-14）或两个以上同类草坪质量等级的排序。

表 4-14　草坪质量等级标准

等级	质量评价得分	质量评估等级
Ⅰ	100～90	优秀
Ⅱ	89～80	良好
Ⅲ	79～70	一般
Ⅳ	69～60	较差
Ⅴ	＜60	差

四、作业

1.选择几块欲进行评价的观赏草坪或游憩草坪，用加权平均法进行草坪坪用质量的综合评价。

2.完成实验报告。

第五篇
草坪经营

实习一　经济合同的编制

一、实习目的

市场经济条件下,草坪企业在生产经营过程中经常会发生对外对内的商品、技术和劳务交换,这些交换关系需要以契约(经济合同)的形式规定彼此间经济交往的具体内容、履行期限、地点、方式和违约责任等。因此,编写和签订经济合同是草坪经营中经常遇到的一项重要工作。通过实习,使学生掌握草坪经营业务中主要经济合同的编制,学会签订经济合同的方法。

二、实习要求

(一)对学生的要求

要求学生通过对教材中经济合同知识的学习,掌握经济合同的概念、形式、内容,经济合同签订的程序,经济合同的委托代理,经济合同的担保和公证,经济合同的履行、变更和解除及终止,经济合同的违约责任等,在此基础上进行经济合同的编写实习,并独立编写出一份经济合同。

(二)对教师的要求

1.在课堂上充分讲解经济合同知识后再开始进行经济合同编写的实习。

2.准备好各种主要经济合同的范本,并概要讲述其主要内容。

3.对编写经济合同中需要注意的问题,应向学生特别提示。

三、实习内容

本实习的内容为草坪企业主要经济合同的编制,具体包括以下几种:

(一)建设工程承包合同

草坪企业建设工程承包合同就是发包人和承包人之间根据国家法律规定的程序签订的关于承包人按期完成一定的勘察设计或建设项目工程,发包人按期验收并按照法定程序给付价款的协议。草坪建设工程包括建设工程勘察设计和工程建设。

1.草坪建设工程勘察设计合同的主要条款。

(1)草坪建设工程名称、规模、投资额、建设地点。

(2)委托方提供资料的内容、技术要求及期限。承包方勘察的范围、进度和质量;设计的阶段、进度、质量和设计文件份数。

(3)勘察、设计取费的依据,收费标准及拨付办法。

(4)双方的违约责任。

2.草坪工程建设项目合同的主要条款。草坪工程建设项目承包合同是发包方(建设单位)和承包方(施工单位)为完成商定的草坪建设项目而签订的经济合同,一般应具备以下主要条款:

(1)工程的名称和地点。

(2)工程的范围和内容。

(3)开工与竣工日期及中间交工工程开工与竣工日期。

(4)工程质量要求、管护期及管护条件。

(5)工程造价。

(6)工程价款的支付、结算和技术资料提供日期。

(7)设计文件及概、预算和技术资料提供日期。

(8)材料设备的供应和进场期限。

(9)双方相互协作事项。

(10)双方的违约责任。

(二)购销合同

主要条款如下。

1.产品名称(注明牌号或商标)、品种、型号、规格、等级、花色等。

2.产品的技术标准(含质量要求)。

3.产品的数量、单价及计量单位。

4.产品的包装。

5.产品的交货单位、交货方法、运输方式、到货地点。

6.接(提)货单位或接(提)货人。

7.交(提)货期限。

8.验收方法。

9.结算方式、开户银行、账户名称、账号、结算单位。

10.违约责任。

11.当事人协商同意的其他事项。

(三)货物运输合同

货物运输合同是工、农、商业等企事业单位委托铁路、公路、航空、水运等交通运输部门运送货物而签订的经济合同。由于货物和运输形式的不同,其合同的主要条款也有所不同。现以公路运输为例说明货物运输合同的主要条款。

1.货物的名称、性质、体积、数量及包装标准。

2.货物起运和到达地点、运输距离、收发货人名称及详细地址。

3.运输质量及安全要求。

4.货物装卸责任和方法。

5.货物的交接手续。

6.货物运输起止日期。

7.运杂费计算标准及结算方式。

8.变更、解除合同的期限。

9.违约责任。

10.双方协商同意的其他条款。

(四)仓储保管合同

仓储保管合同是存货人和保管人之间按照物资存储计划和仓储业务的规定而签订的储存保管物资的一种经济合同。其主要条款如下。

1.货物的品名或品类。

2.货物的数量、质量、包装。

3.货物验收的内容、标准、方法、时间。

4.货物保管条件和保管要求。

5.货物进出库手续、时间、地点和运输方式。

6.货物损耗标准和损耗处理。

7.计费项目、标准和结算方式、银行账号、时间。

8.责任划分和违约处理。

9.合同的有效期限。

10.变更和解除合同的期限。

(五)借款合同

借款合同是根据国家的法律、政策规定,为出借人将货币交付借用人,借用人依照合同规定期限将所借货币连同利息返还给出借人所制定的。借款合同应具备的主要条款如下。

1. 贷款种类。

2. 借款用途。

3. 借款金额。

4. 借款利率。

5. 借款期限。

6. 还款资金来源及还款方式,还款时间。

7. 保证条款。

8. 担保人。

9. 违约责任。

10. 当事人双方商定的其他条款。

(六)保险合同

保险合同是投保人与保险公司之间关于保险的协议。目前保险公司开设的保险险种很多。根据保险合同,投保人向保险人缴纳约定的保费,保险人在保险事件发生时,按照保险规定,应向投保人(受益人)支付保险赔偿或保险金额,保险合同的主要条款如下。

1. 保险标的。

2. 保险金额。

3. 保险责任及赔偿办法。

4. 保险费缴付办法。

5. 保险起止期限。

实习二　草坪企业经济效益案例分析

一、实习目的

经济效益分析是指对企业通过资产经营能够取得多大收益的能力所进行的分析、评价和预测。经济效益分析的目的在于：①促进企业提高资产管理水平；②促进企业改善资产结构，提高资金运用效果；③促进企业扩大经营规模；④促进企业增强市场竞争能力。本实验旨在通过对某草坪企业的资产负债表和损益表解析，使学生学会分析、评价、预测企业经济效益的方法，为将来成为一个合格的企业经营者打下良好的基础。

二、实习案例

华绿草坪公司2016年度和2017年度财务报表资料如表5-1和表5-2所示。

表5-1　华绿草坪公司资产负债表　　　　　　　　　　　　　　　　　元

项目	2016年末	2017年末
资产总额	6 475 000	10 151 000
长期负债合计	607 425	1 919 155
实收资本	1 750 000	1 925 000
所有者权益合计	3 166 975	4 547 445

表5-2　华绿草坪公司损益表　　　　　　　　　　　　　　　　　　元

项目	2016年度	2017年度
产品销售收入	9 450 000	11 060 000
减：产品销售成本	7 140 000	7 938 000
产品销售费用	189 200	204 100
产品销售税金及附加	756 000	868 000

续表 5-2

项目	2016 年度	2017 年度
产品销售利润	1 364 800	1 959 900
加:其他业务利润	9 100	2 100
减:管理费用	560 400	77 100
财务费用	175 000	350 000
营业利润	638 500	859 900
加:营业外收入	15 400	22 100
减:营业外支出	80 500	112 000
利润总额	573 400	770 000
减:所得税	200 900	231 000
净利润	372 500	539 000

1.根据上述资料计算以下财务比率:毛利率、营业利润率、销售净利率、成本费用利润率、总资产利润率、长期资本报酬率、资本金收益率。

2.对该公司经济效益和获利能力进行分析评价。

三、分析方法和步骤

(一)计算结果

财务比率计算表见表 5-3。

表 5-3　财务比率计算表

利率	套用公式	2016 年度	2017 年度
毛利率	$=\dfrac{产品销售收入-产品销售成本}{产品销售收入}\times100\%$	24.4%	28.2%
营业利润率	$=\dfrac{营业利润+利息支出净额}{销售收入}\times100\%$	8.6%	10.9%
销售净利率	$=\dfrac{净利润}{销售收入}\times100\%$	3.9%	4.9%
成本费用利润率	$=\dfrac{营业利润}{销售成本+销售费用+管理费用+财务费用}\times100\%$	7.9%	9.2%
总资产利润率	$=\dfrac{利润总额+利息支出净额}{平均资产总额}\times100\%$	13.2%	13.5%

续表 5-3

利率	套用公式	2016 年度	2017 年度
长期资本报酬率	$=\dfrac{\text{利润总额}+\text{利息费用}}{\text{长期负债平均值}+\text{所有者权益平均值}}\times100\%$	21.0%	21.9%
资本金收益率	$=\dfrac{\text{净利润}}{\text{资本金总额}}\times100\%$	21.3%	29.3%

备注:利息支出净额=财务费用;平均资产总值=(期初资产总值+期末资产总值)/2。

(二)效益分析

从以上资料和计算结果来看,华绿草坪公司 2017 年度经营情况及成果良好。当年经营规模有所扩大,销售额比 2016 年增加了 1 610 000 元,增长了 17%。随着销售额的增长,销售成本必然上升,但上升幅度低于销售收入,从毛利率的提高可以清楚地看到这一点。这说明企业在扩大销售的同时也注意采取了节约成本开支、改善品种结构等措施,因而使得毛利率上升了将近 4 个百分点,应予以肯定。华绿草坪公司 2017 年度资本和经营规模都有所扩大,各项费用也相应有所增加。从以上计算结果来看,该公司的总资产利润率等各项获利能力比率比 2016 年均有不同程度的提高,其中提高幅度比较大的有营业利润率 10.9%和资本金收益率 29.3%,分别比上年的 8.6%、21.3%提高了 2.3 和 8 个百分点;另外,销售净利率和成本费用利润率两项指标也同样反映出 2017 年的经营业绩。销售净利率由 3.9%提高了一个百分点,达到 4.9%。每百元成本费用换取的利润从 7.9 元提高到了 9.2 元。这一成绩实际上是生产环节节约了成本带来的,而销售费用、管理费用和财务费用的上升幅度还是比较大的。

总之,仅从两个年度的对比资料来看结论是明确的,即 2017 年经营业绩良好,公司获利能力有所增强。

四、作业

请对你熟悉的一家草坪公司近 3 年来的资产负债表和损益表进行财务比率计算和经济效益分析。

实习三 草坪企业投资效益案例分析

一、实习目的

企业进行某个工程项目的建设,都希望以最小的代价(自然资源、原材料、设备、动力和劳动时间)取得最大的投资效益。投资效益分析就是在某项工程投资立项建设之前,从经济上衡量该投资方案是否可行的依据。本实习的目的是通过对某草坪公司工程个案的投资效益分析,使学生了解企业投资效益分析的方法,为将来进行企业经济管理奠定良好基础。

二、实习案例

某草坪公司为拓展市场,扩大企业规模,计划在南京租用 60 hm² 土地建一草皮农场,租期为 10 年,种植适应长江中下游地区气候条件的冷地型和暖地型草坪各 30 hm²,要求安装移动喷灌系统,机械化生产销售草皮卷,试分析该工程项目的可行性。

三、分析方法和步骤

(一)投资费用

投资费用是投资效益分析中的主要数据之一,是指工程达到预期目标所需要的全部建设费用。

1. 分项工程投资费用以喷灌工程和植草工程为例进行分析(表 5-4、表 5-5):

表 5-4　喷灌工程投资费用表　　　　　　　　　　　　　　　　万元

材料费					施工费							设计费	合计
管材费	管件费	喷头费	泵器电器费	其他材料费	运输费	装卸费	测量放线用工费	泵房施工费	挖沟及回填用工费	接管加固用工费	调试费	设计费	合计
19	4.5	0.5	1.5	1	0.8	0.5	0.5	0.5	7.2	0.5	1	1.5	39

表 5-5 植草工程投资费用表 万元

| 材料费 | | | | | 施工费 | | | | | 合计 |
种子费	种苗费	肥料费	农药费	燃料费	运输费	装卸费	整地用工费	建植用工费	养护用工费	
12	15	7	1	1	3	1	4	9	7	60

其他分项工程按照上述格式分项统计核算,最终将各分项投资费用填入投资费用汇总表。

2.投资费用汇总,如表 5-6 所示。

表 5-6 草皮农场建设工程投资费用汇总表 万元

分项工程	排水工程	植草工程	水源工程	喷灌工程	房屋工程	道路工程	养护机具	规划设计费	其他材料及小型购置费	总计
投资费用	2	60	1	39	3	5	10	2	3	125

(二)运行费用

年运行费用指从草坪成坪销售开始,维持草皮农场正常运转,每年所需的费用。包括土地使用费、肥料农药费、燃料动力费、设备维修费、人员工资、运行管理费、水资源费、税金等,如表 5-7 所示。

表 5-7 草皮农场年运行费用汇总表 万元

| 土地使用费 | 肥料农药费 | 燃料动力费 | 设备维修费 | 劳动用工费 | 运行管理费 | | | 水资源费 | 税金 | 总计 |
					行政费	管理人员工资	技术培训			
27	6	2	2	48	5	10	2	1	10	113

(三)效益计算

根据南京的地区气候条件,暖地型草坪草每年可以生产 3 茬草皮,平均销售两茬,平均售价 2 元/m²;冷季型草坪草每年可以生产 4 茬草皮,平均销售 3 茬,平均售价 3 元/m²。该草皮农场预计第二年开始的平均年销售收入预算见表 5-8。

表 5-8　草皮农场年销售收入预算

项目	面积/m²	生产能力/m²	预计销售量/m²	预计单价/(元/m²)	预计销售额/万元
冷地型草坪	300 000	1 200 000	900 000	3.00	270
暖地型草坪	300 000	900 000	600 000	2.00	120
销售额总计/万元					390

(四)投资效益分析

投资效益分析是根据某个项目的投资费用、运行费用和该项目取得的各项效益,分析该项目的经济合理性,在规划时为方案的可行性论证提供资料。投资效益的分析方法分静态分析法和动态分析法。草坪企业大多因工程规模小、投资少、工期短、回收年限短而采用静态分析法。静态分析法在投资、运行费和效益的分析中,不考虑货币的时间价值,计算较简便。主要计算内容如下:

1.还本年限(回收年限)T。还本年限又称偿还年限,表示一项工程投入运营后,通过效益的积累,完全回收投资的年限。其计算公式为:

$$T = \frac{K}{B-C}$$

式中:T 为还本年限;K 为工程投资,万元;B 为工程多年平均效益,万元;C 为工程多年平均管理运行费(不包括折旧费),万元。

本例中,

$$T = \frac{125}{390-113} = 0.45$$

2.总效益系数 E。总效益系数又称绝对投资效益系数(或称投资效益比),它是还本年限的倒数。其计算公式为:

$$E = \frac{1}{T} = \frac{B-C}{K}$$

式中:E 为总效益系数,其余符号意义同前。

本案例中,

$$E = \frac{1}{T} = 2.2$$

农业工程一般认为还本年限为 3～5 年、投资效益系数＞0.2 的工程可以投资建设。

四、作业

请为熟悉的当地一家草坪企业设计一个投资项目,并为其进行投资可行性分析。

实习四 草坪工程项目可行性 及研究报告的编制

一、实习目的

　　草坪工程项目可行性研究是立项前的决策活动,是对研究方案、建设方案和生产经营活动进行综合分析的一种科学方法,是对重大项目在投资前进行技术、经济、社会、生态等方面的评价和科学预测,并且对拟建项目的设计方案进行综合论证和比较选优,得出项目建设是否经济合理,以及选择什么样的方案才能经济合理。因此,草坪工程项目可行性研究是项目实施前的一项基础工作,也是决定项目能否建设和成效如何的一项至关重要的工作。草坪企业(公司)在生产经营或申报草坪科研课题时,经常会遇到可行性研究报告的编写问题。通过草坪工程项目可行性研究报告的编制实习,使学生基本掌握可行性研究报告的格式、内容及其编制方法,并能应用于实际工作中。

二、实习要求

(一)对学生的要求

　　要求学生在认真学习《草坪经营学》第四章"草坪工程管理"的内容之后,充分了解草坪工程可行性研究报告编制和草坪工程项目评估方法,并通过实习中教师的讲解和阅览不同类型项目可行性研究报告的范本,进一步巩固所学知识,学会草坪工程项目可行性研究报告的编写。

(二)对教师的要求

　　实习前准备好各种不同类型的项目可行性研究报告范本,以便学生阅览,讲解时重点讲授编写草坪工程项目可行性研究报告时应注意的问题,讲授结束后可要求学生分组、分工、合作写出一份草坪工程(或研究)项目可行性研究报告。

三、实习内容

　　草坪工程项目可行性研究报告的类型:公益型草坪工程项目(城市绿化等)、经营型草坪工程项目(高尔夫球场等)、护路护坡草坪工程项目、草坪科学研究项目可行性研究报告等。

讲授编制不同类型草坪工程项目可行性研究报告时需要注意的问题。

组织学生观摩、阅览各种不同类型可行性研究报告编写的范本。

组织学生分组、分工协作编写一份草坪工程项目可行性研究报告。

附:草坪工程项目可行性研究报告编写提纲(仅供参考)

第1章　项目背景

1.1　国家政策、城市草坪绿地建设规划等

1.2　项目由来和简述

1.3　项目提出的必要性和依据

第2章　项目建设的有利条件和障碍因素

2.1　项目区概况

2.2　项目建设所需自然、经济和社会环境分析

2.3　项目建设地点

2.4　有利条件

2.5　主要障碍因素及解决方案

第3章　市场需求预测(用于营业性草坪工程项目)

3.1　市场调查

3.2　市场预测

3.3　供求关系分析

3.4　营销策略

第4章　项目建设规模、建设内容及实施进度

4.1　建设标准

4.2　建设规模

4.3　建设任务和内容

4.4　施工方案

4.5　项目实施进度

第5章　投资估算和资金筹措

5.1　投资估算

5.1.1　估算依据

5.1.2　投资估算

5.1.2.1　固定资产投资

5.1.2.2　流动资金

5.1.2.3　其他

5.2　资金来源及筹措

5.3　资金使用和管理

第6章　效益分析（用于营业性草坪工程项目）

6.1　经济效益分析

6.1.1　财务分析（主要分析指标：内部收益率、投资利润率、投资回收期、财务净现值和净现值率；附表：经营成本核算表、借款还本付息测算表、资金来源与运用表、现金流量表、项目损益表等）

6.1.2　敏感性分析

6.2　有偿资金和银行贷款归还措施与归还计划

6.3　社会效益分析

6.4　生态效益分析

6.5　项目风险分析

第7章　组织实施和运行管护

7.1　组织机构协调

7.2　实施管理

7.3　管护制度和措施

7.4　管护人员和经费

第8章　环境影响与评价

8.1　环境现状分析

8.2　项目实施对环境的影响

8.3　对策和措施

8.4　环保部门意见

第9章　结论和建议

9.1　可行性研究结论

9.2　问题与建议

第10章　附录

10.1　附件

附件一：担保单位资质证明和提保公证

附件二：土地管理部门对征用土地的审批意见

......

10.2　**附表**（具体内容与格式应根据有关规定和项目的具体情况确定，下列附表题仅供参考）

附表一：经营成本核算表

附表二：贷款还本付息测算表

附表三：资金来源和运用表

附表四：现金流量表

附表五：项目损益表

……

10.3　**附图**

附图一：现状图

附图二：草坪工程设计图

附图三：草坪工程施工图

……

实习五 草坪草产品营销方案的编制

一、实习目的

任何企业产品进入市场都必须拥有自己的产品理念。草坪草产品要实现其市场目的,也应具有其营销策略。因此,为了使草坪草产品适应市场需要,就必须根据草坪草产品生命周期的发展变化及各阶段特点,定制和完善其市场营销方案。

二、草坪草产品生产企业市场营销计划的制订

(一)草坪草产品生产企业市场营销计划基本资料

这些基本资料包括:企业概况;利润和成本;产品;市场结构;市场的倾向和趋势;市场份额;销售和推销;经销方法;价格;用户和消费者的态度;新产品;竞争性活动;竞争性产品;需求;政府方面因素等。下面对前几项进一步说明。

1. 企业概况:包括草坪草产品生产企业在本行业中的信誉,企业在国内外草坪草产品市场上的信誉,以及企业的组织情况与组织形成等。

2. 利润和成本:包括各种草坪草产品的历史利润,各种草坪草产品的历史成本,本企业草坪草产品对其他企业产品的贡献,在生产成本上及销售和经销费用方面优于竞争者的有利条件等。

3. 产品:包括草坪草产品的主要用途及优势;这些用途及优势与竞争者比较如何;草坪草产品的产品范围;草坪草产品种类在整个市场上的规模;国内消费数量的价值;非国内市场产品的比例或数量;国内草产品出口、进口商品的主要出口市场等。

4. 市场结构:包括草坪草产品市场的主要国内供应商,主要进口来源,主要进口者的确定;主要竞争者的出口情况;主要出口市场的确定;国内市场的地理差别;国内市场的季节周期性差别;有利于竞争者出现的主要因素;可能减少竞争者的主要因素;互惠贸易做法的存在和效力。

5. 市场的倾向和趋势:草坪草产品市场的倾向和趋势包括市场的大小与 10 年

前相比如何？与 5 年前相比如何？和去年相比又如何？产品需要和几年前有何不同？与去年相比又有何不同？下一年度的变化趋势如何？今后 5 年，以及 5 年以后变化趋势如何？

6.市场份额：生产草坪草产品企业的市场份额，主要竞争者的份额，竞争性进口产品的市场份额，以及支持进口产品市场份额的因素，国内市场新老主顾、国外市场新老主顾的销售额及其所占百分比。

(二)草坪草产品市场营销计划纲要

草坪草产品企业的市场营销计划应包括以下几个部分：计划概要；市场营销现状；机会和威胁；营销目标和问题；市场营销现状策略；市场营销行动方案；预算、执行与控制，如表 5-9 所示。

表 5-9 草坪草产品市场营销计划纲要

纲要	目标
计划概要	在计划书开头就要概况主要营销目标和措施，以便管理层快速浏览
市场营销现状	提供有关草坪草产品市场、竞争、销售和宏观环境背景资料
机会和威胁	识别可能影响草坪草产品市场营销的主要机会和威胁
目标和问题	确定企业财务目标(利润、投资收益率)；市场营销目标(销售额、市场份额、分销网络覆盖面等)；影响目标实现的因素
市场销售策略	设计完成计划目标的主要市场营销方法，包括：目标市场、市场定位、市场营销组合、新产品开发等
行动方案	具体阐述将要做什么、谁去做以及需要的费用和保证措施
预算	预计该计划财务开支的盈亏，填制报表
控制	如何对计划执行过程进行监督

(三)制订草坪草产品营销计划必须回答的问题

1.本企业的目标市场是什么？

2.本企业下一年的草坪草产品营销目标是什么？销售和利润目标是什么？

3.本企业的营销预算如何？

4.本企业的草坪草产品有什么好处？

5.本企业的市场占有率是多少？

6.本企业比主要竞争对手在哪些方面做得好？

7.本企业的经营优势和弱点表现在哪几个方面？

8.本企业计划如何实现这些目标？

三、作业

1.制定草皮在本地的营销方案。
2.编制草坪草种子的营销方案。

第六篇

高尔夫球场草坪工程

项目一　工程准备

一、建设程序　◆

(一)高尔夫球场建设项目的主体

根据国内外建设项目管理的一些通行做法,高尔夫球场建设项目一般情况下由高尔夫球场建设的投资者(即业主)、高尔夫球场项目的施工者(即承包商)和高尔夫球场建设项目的监理单位三方共同完成。这三方的关系如图 6-1 所示。

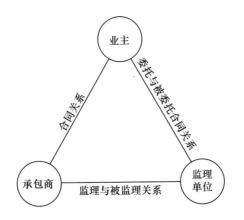

图 6-1　参与建设项目各方的关系

业主是高尔夫球场建设项目的法人,他与施工承包商或材料供货商是一种合同关系,业主将投资建设的工程发包给承包商,而承包商则按照合同规定完成工程任务。业主与监理单位的关系是一种委托合同关系,即业主委托监理对高尔夫球场建设项目实施目标监控和管理,向项目法人负责。监理单位与承包商之间没有也不应当有合同关系,只有监理与被监理的关系,即承包商应接受监理单位监理工程师的监督和管理,并按照合同要求和监理工程师的指示进行施工。高尔夫球场建设项目的监理工程师一般是高尔夫球场设计师,或具备高尔夫球场设计资格以及具有资深高尔夫球场设计施工经验的其他人员。

(二)高尔夫球场施工建设程序

高尔夫球场建设的基本程序见图6-2。

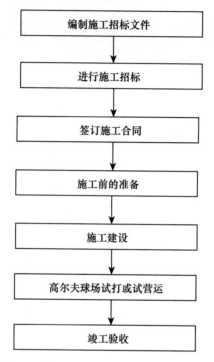

图6-2　高尔夫球场建设项目施工建设程序

二、施工前的准备 ◆

高尔夫球场建设项目中,业主、承包商以及监理单位始终参与建设项目的全过程。但根据三方的关系,参与的深度不同,范围也不同。因为高尔夫球场建造是一个复杂的过程,作为承包商和监理单位,在施工前必须做好充分的准备工作,提高施工的计划性、预见性和科学性。充分的施工准备是保证高尔夫球场施工质量、加快工程进度、降低工程成本以及保障工程顺利实施的关键。高尔夫球场施工准备工作主要包括施工条件、技术条件、物质条件和组织机构及人力资源保障等方面。

(一)施工条件

施工前,现场应达到"水通、电通、路通、通信通"的要求,并且进行场地内建筑物的拆迁工作及临时设施的搭建工作。具体进行以下工作：

1.场地整理。高尔夫球场占地面积大，施工前要做好场地内民房、旧建筑、高压线的拆迁工作，以及地下构筑物如墓穴的拆迁和管线拆迁与改道工作，使场地具备放线和开工的条件。

2.道路建设。建好施工道路，以利于土方的调运和施工车辆的运行。施工道路最好与高尔夫球场的永久性管理道路结合起来，以节省道路建造的费用。高尔夫球场内的施工道路使用强度大，为防止施工中损坏路面，可以先做永久性道路的路基和垫层，待进行高尔夫球场正式道路施工时再铺路面。高尔夫球场内的施工道路路线要做好规划，布置好干道和支道，保证施工车辆运行的畅通，尤其要注意土方调运时施工道路的规划，必须使车辆有循环运行的条件。

3.施工用水和生活用水。施工水源最好与球场以后的供水水源和喷灌用的水源结合起来，以减少开发水源和铺设临时给水管线的费用。生活用水要通过临时给水管线供给。开工前准备好施工水源和生活用水水源，充分保证施工用水和生活用水的供给，避免影响施工。

4.供电设施。施工用电可以通过高尔夫球场当地的供电系统得到解决。首先要预测高尔夫球场施工中高峰期用电量，根据高峰期用电量，选配临时变压器和临时供电线路，保证高尔夫球场施工中的动力用电和照明用电。对于夜间灯光高尔夫球场，可以考虑将以后灯光照明线路与施工用电线路结合实施，以减少工程费用。在高尔夫球场所在地区的供电系统只能部分供电或不能供电时，要自行配备发电设备。

5.场地通信。施工现场要有方便的通信条件，如电话、传真、对讲机等，以便于联系。高尔夫球场的施工面积一般较大，最好能配备对讲机，以利于各作业班组的及时沟通。

(二)技术条件

1.对于施工技术，主要是设计文件、施工图纸以及测量放线的基本依据等。高尔夫球场的施工要求具备以下图纸及文件：

(1)高尔夫球场总体平面规划图；

(2)高尔夫球场测量定位图；

(3)高尔夫球场清场图；

(4)高尔夫球场等高线造型图；

(5)土方平衡图；

(6)球道断面图；

(7)排水系统平面布置图(包括雨水井、出水口等构造图，管道安装详图，渗水

井详图,草坑、草沟等排水详图等);

(8)喷灌系统平面布置图(包括自动控制电缆平面布置图,管道、闸阀安装详图,泵房建筑施工图等);

(9)高尔夫球场道路平面布置图(包括道路、桥涵施工图等);

(10)高尔夫球场园林树木配置图;

(11)高尔夫球场草坪布置图(包括特殊区域草坪建植详图等);

(12)果岭施工详图;

(13)沙坑施工详图;

(14)高尔夫球场水域施工详图(包括湖、渠边坡处理,湖底防渗处理,湖水排空、溢流、给水结构详图等);

(15)施工说明书;

(16)相关的施工技术规范、规程等。

施工前,高尔夫球场设计师须向施工机构进行技术交底工作,以便在高尔夫球场建造过程中,充分贯穿设计师的高尔夫球场设计意图,使施工专业人员充分了解设计师的设计理念和施工中应该注意的主要事项。如果设计图纸内容不足或设计深度与范围不够时,应及早进行补充施工图设计,以免影响工程的实施。

2.测量控制点。施工前必须将测量控制点,包括平面控制点和高程控制点引入施工现场,具备测量放线的基本条件,达到通过引入的坐标点和水准点可以在现场布设平面控制网和水准控制网的目的。

3.编制工程总进度计划。工程总进度计划是对高尔夫球场工程总体进度的安排和计划。编制工程总进度计划,首先要明确对总工程进度影响最突出的单项工程,并以此作为主要制约因素,编排其他单项工程的工程进度。在高尔夫球场所有的工程中,草坪建植工程季节性最强,无论在任何地区,一年之中总有一段时间最适合草坪建植,而其他时间不适宜草坪建植或不能进行草坪建植。因此,一般说来,草坪建植工程是高尔夫球场工程中影响工期的最大制约因素,应将草坪建植工程作为制定工程总进度计划的主导因素,其他单项工程的进度和工期应服从于草坪建植工程。

进度控制作为建设项目的三大控制目标之一,可以用文字、横道图、工程进度曲线、形象进度图、网络进度计划等方法表示。

(三)物质条件

施工必须要有物资作保障。

高尔夫球场施工中涉及的物资准备主要包括以下几方面:

1.机械设备。根据工程的总体施工部署和工程进度计划,选定施工机械和设备,统计各施工阶段需要机械的种类和数量,编制施工机械和设备用量计划。

2.施工材料。根据高尔夫球场工程概算,统计不同施工阶段的材料种类与数量,然后按施工阶段或按月份编制施工材料需求计划和材料购置计划,最后汇总为总的施工材料需要计划。

3.物资管理。高尔夫球场涉及的物资多,必须要有相应的管理措施。仓库与贮料场用于存放高尔夫球场施工需要的施工材料、工具和仪器设备以及零部件等。仓库与贮料场的建设一方面要保证施工的正常需要;另一方面材料又不宜贮存过多,加大仓库面积和积压资金。仓库与贮料场的面积要根据总体资源规划和分区资源规划确定,根据需要存放的物资的高峰值,确定适宜的建筑面积。高尔夫球场的仓库与贮料场主要用于存放沙子(坪床改良用沙和沙坑用沙)、泥炭、化肥、种子、土工布、草帘、木材、水泥、白灰、排水管及配件、喷灌管道及配件、水泵和其他一些施工工具、仪器设备、零部件及五金等。物资存放时,要注意物资的分类,将不宜一起存放的物资分开存放,尤其是用于草坪建植的物资,不要与其他物资一起存放,草坪种子存放时要保持一定的温、湿度和通风条件。

(四)组织机构与人力资源保障

为了更好地组织人力、物力配合施工,缩短工期,节省资金,必须在工程总进度计划的基础上,编制人力资源保障计划,以便对高尔夫球场建造过程中需要的资源有一个总体了解。人力资源保障计划包括两方面内容:组织机构及其职责分工和施工分阶段用工计划。

工程组织机构中,设立负责工程、物资、器材、对外协调等职能部门。工程指挥应具有丰富的高尔夫球场施工经验和球场施工组织经验,负责球场总体施工组织和总工程进度控制,负责各部门间的工作协调,负责安排人员、材料和机械设备的调配,负责协调对外关系。技术总监应具有非常丰富的高尔夫球场施工与设计经验,负责球场施工过程中的全部技术问题,负责制定或审批施工技术方案,审查各单项工程的施工技术方案,负责决策与解决施工过程中遇到的各种技术问题,负责监督检查施工质量。

项目二 工程程序

一、工程分项(单项工程)

高尔夫球场建造是按照高尔夫球场设计施工图实施各单项工程的过程,是将设计师的设计理念充分反映到施工过程中的再创造过程。高尔夫球场建造是一项复杂的系统工程,涉及的专业面广,施工工序多。主要的单项工程如下:

1.测量工程;

2.清场工程;

3.土石方工程;

4.粗造型工程;

5.排水系统工程;

6.喷灌系统工程;

7.细造型工程;

8.水域工程;

9.道路及桥梁工程;

10.园林景观工程;

11.坪床建造工程;

12.草坪建植工程等。

高尔夫球场建造工程不同于一般的土建工程,有其自身的特殊性,包括诸多不同领域的单项工程,如排水工程、喷灌工程、草坪建植工程、园林景观工程等,需要高尔夫方面的专家、土建专业人员、园林专家、草坪农艺师、排水和喷灌专家等共同协作实施。为了使高尔夫建造工程有条不紊地实施,避免工程的交互影响和工程的反复,确保高质量、低造价、快速度地完成建造工程,施工前,必须编制科学合理的施工组织设计,作为指导施工活动的主要技术文件。

二、施工工序

编制高尔夫球场施工组织设计,首先要充分了解高尔夫球场建造的施工特点和施工工序,高尔夫球场各单项工程的施工工序可参考图 6-3。

这个施工工序只是总体的施工顺序,施工过程中,很多单项工程需同时穿插进行。编制施工组织设计过程中,应对这些单项工程予以科学合理地编排,优化各个施工阶段。

对于高尔夫球场工程来说,由于占地面积较大,不可能整个球场全面同时施工。为了施工的方便和施工的组织与操作,一般要根据球场现状的特点、场址的施工条件和当地的气候条件以及人力与物力组织情况,将整个球场划分为若干个区

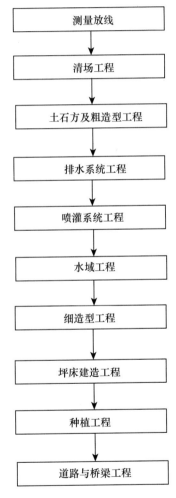

图 6-3 高尔夫球场基本施工工序

域,分期分批进行施工,采用流水作业方式依次进行。对一个标准的 18 洞高尔夫球场,一般可以划分为 2~6 个施工区,每 3~9 个洞为一个施工区。第 1 个区完成土石方与粗造型工程后,移至第 2 个区开始土石方与粗造型的施工;而第 1 区开始排水系统工程、水域工程等后序的工程,如此依次流水作业,依次完成各单项工程。

采用流水作业方法组织施工,可以使各作业班组能紧密配合,各单项工程能有次序地进行,使各单项工程能紧密衔接,缩短工期。

将高尔夫球场按照场址的特点划分为若干个施工区,进行分区流水施工是施工部署的一项主要内容,科学合理的区划,将有利于施工的方便操作和工程的顺利进行,同时,也可以避免造成人力、物力和资金的浪费。

施工部署的另一项内容是设立工程指挥机构。对于一个投资较大的高尔夫球场工程来说,施工前建立一个强有力的工程指挥系统是非常关键的。一个科学合理的工程指挥系统是确保工程顺利实施,保证工程质量和工期的关键。高尔夫球场工程涉及的专业面广,需要多方面的专业人员参与组织施工,因此,工程指挥系统应做到机构设置得当、组织合理、分工明确,以保证工程指挥系统高效、顺畅地运行。

项目三　高尔夫球场建造与草坪建植工程

一、测量工程

测量定位是整个高尔夫球场开始施工的第一项工程,也是高尔夫球场建造过程中的主要环节,具有十分重要的地位。施工测量就是将高尔夫球场施工图纸中设计好的高尔夫球场中各个特殊区域和部位的平面位置和标高正确地标示到施工现场,以便指导高尔夫球场的准确施工,从而保证高尔夫球场中所包括的各个特征区域和部位按图纸准确定位,以及保证造型起伏的高程、坡度等能按图纸要求准确地控制。

高尔夫球场的测量放线是球场施工中不可间断的工作,从高尔夫球场开工到竣工贯穿了高尔夫球场的全部建造过程,测量放线也是高尔夫球场施工中每个单项工程不可缺少的组成部分,融入各个单项工程的施工过程中。

二、清场工程

清场是将高尔夫球场清场图所指定范围内的树木、树桩、地上及地下建筑物和构筑物等有碍高尔夫球场施工的物体清除出场,为高尔夫球场的下一步施工做好准备;同时保留那些对高尔夫球场景观有价值、能组成球道打球战略的树木和珍贵树木,以及有保留价值的其他自然景物。进行清场时,首先按高尔夫球场清场图将清场范围测放到施工现场,然后,按清场计划分别进行清场工作。清场工作除了以清场图为依据外,还需要设计师出现场决定树木和其他自然景物的保留和清除。

清场主要包括:树木砍伐、搬运,树根挖除,杂物清理,有保留价值的树木和植被的假植,其他有碍施工物体的拆除与处理等。清场工作因高尔夫球场场址生长的树木与植被的茂密程度的不同,工程量差别很大,因此而引起的清场时间和清场费用差别也很大。场址树木较少时,清理工作量较小,可以将高尔夫球道、发球台、果岭、高草区、湖面区等清场区域内的树木和妨碍施工的物体,一次性同时清理出场;同时,将高尔夫球场园林种植中需要的树木移植到临时苗圃中,待高尔夫球场进行园林景观树木种植时,再移植到高尔夫球场中需要的区域。在场址树木茂密或高尔夫球场建在森林中时,清场工作量则很大,需要分区、分期、分阶段进行清场工程。将球道、发球台、果岭的清场区域与水域范围的清场区和高草区的清场区分别对待,分别进行清理。

三、土石方工程与粗造型工程

(一)表土堆积

在大规模开挖回填土石方之前,表土堆积是将地面表层种植土壤堆积到高尔夫球场暂不施工的区域存放,用于以后草坪坪床建造时的坪床改良。表土堆积并不是每个高尔夫球场在建造过程中都需要进行的工程,要根据高尔夫球场场址表层土壤的状况而定,对于高尔夫球场场址原生植被茂密、杂草根系较多的表层土壤和表土土质较差的土壤如盐碱土、重黏土等,无须进行表土堆积。铲去表土的厚度要根据坪床处理的面积和可以进行表土堆积的区域面积确定,一般在 20～30 cm。表土的临时堆放区要根据施工区域和分区施工进度计划统筹规划,设置在球场内施工区能够交错开的临时存放区,最好放置在高尔夫球场边界附近的区域,同时,设置堆放区的位置不能使表土铲运的距离过远,以免增加运输费用,并且要有利于进行坪床处理时,表土回铺的再次搬运。

表土进行堆积前,要将在清场过程没有清理干净的地面杂物如植物秸秆、植物根系等先清理掉,以免表土中带有过多的杂物,影响以后的坪床处理工程。表土堆积时,最好选择在表层土壤较干燥的时间进行,以免土壤结块,再次回铺时难以打碎、糯平,为坪床建造带来麻烦。

(二)土石方开挖与回填

高尔夫球场的土石方工程是按照土石方移动平衡图和球道造型等高线图,在场址内进行大范围的土石方挖填与调运和从场外调入大量客土的工程,目的是在原有地形、地貌的基础上,通过土石方的重新挖填和分配,使高尔夫球场大体上形成球场造型图所要求的起伏和造型。

土石方工程是高尔夫球场建造中所占比重较大的一项工程,需要投入大量的人力、物力和资金。一般山地球场的土石方工程量比较大,18 洞球场的挖填方量可以达到 200 万～300 万 m^3;而丘陵地带的起伏比较适合于高尔夫球场的要求,因此,丘陵高尔夫球场土石方量一般较少,有时几十万立方米甚至十几万立方米的土方挖填量就可以完成高尔夫球场土石方工程;平地高尔夫球场建造过程的土石方工程量介于两者之间,但有时需要调入大量客土来弥补挖方量的不足,满足高尔夫球场必要的起伏和造型。

(三)粗造型

粗造型工程与土石方工程是两个密不可分的过程,在统筹规划的前提下,可以将这两个过程结合在一起。土石方工程在进行挖、填过程中已大体上形成了高尔夫球场的造型和起伏的形状,粗造型工程中不存在大范围的土方挖填和搬运,没有大型挖填和运输的机械作业,只是使用推土机和造型机对造型的局部进行推、挖、填的修理和完善,使之更符合高尔夫球场造型的要求。粗造型工程主要包括球道、高草区的粗造型,人工湖面等水域周围的粗造型和杂物清理等工作。

雨季进行土石方和粗造型工程会给施工带来很多困难。需要采取一些相应措施防止雨季施工中出现的问题,如雨季来临前,做好雨季施工准备和排洪工作,加速完成一些受雨季影响严重的工程等。

四、排水系统工程

排水工程依据水分排放的形式可分为地表排水工程和地下排水工程。

(一)地表排水工程

1.地表排水的种类。在高尔夫球场排水工程施工中,不论高尔夫球场哪一个特征区域,均须作地表排水处理。地表排水可有下列几种方式,在施工中因地制宜地选取。

造型排水:通过合理的地表造型,减少地表局部积水;

汇集排水:将地表径流分区汇集到不同的低洼地,排入地下排水系统;

水沟排水:通过排水沟、分水沟的建造,拦截分流山洪,缩短地表径流线路,减轻地表径流对土壤的冲刷;

渗透排水:通过土壤改良,使表层存留的过多的水分快速渗透到下层的透排水系统或深层土壤中。

2.地表排水工程施工要点。

造型排水:依据土方调配图和造型图,在造型师现场指导下实施,通过粗造型和细部整修,使球场表面光滑、顺畅,在非汇水区没有积水现象,造型后的地表坡度不应小于2%。

汇集排水:地表径流分区汇集到球道、高草区中一些分散的低洼地汇水区后,如果这些地区没有雨水井排走水分,可以考虑通过修建草沟把它们相互连接起来,引导进入排水系统。修建的草沟要自然融入周边地形,不得留有人工挖填痕迹;草沟的边沟坡度要适当,纵向排水坡度一般不要超过 2%。

水沟排水:在山坡的坡脚或山腰建造排水沟、分水沟,将山上的雨水拦截,改变水流方向,引向它处。防止洪水对山坡底部精细养护区或重点保护区的冲刷破坏。推挖分、排水沟时,也要与山坡周围造型相互结合进行,使水沟与周边造型自然融为一体。

渗透排水:高尔夫球场由于审美和艺术的要求无法通过地表造型排走球道局部积水,果岭多数情况也不能依靠造型排水,只有通过调整土壤结构,改良土壤质地,增加土壤通透性,使过多的水分快速下渗而排走。高尔夫球场工程建设中,此种排水应与床土改良工程结合进行。

(二)地下排水工程

高尔夫球场地下排水系统的主要功能,一是疏导分流因降雨、喷灌而汇集起来的径流水;二是排除土壤中过多的渗透水。径流水可以通过进水口直接进入地下排水管排走,而渗透水则要经过土壤缓慢渗透到透水管中排走,或通过建造渗水沟将渗水排到土壤下层,通过土壤水分移动排走。由此,高尔夫球场地下排水系统由两部分组成:排除径流水的部分称为雨水排水系统;排除渗透水的部分称为渗排水系统(图 6-4)。

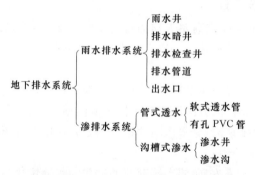

图 6-4　高尔夫球场地下排水系统组成

1.雨水排水系统。雨水排水系统主要由雨水井、排水暗井、排水检查井、排水管道、出水口等组成。雨水井位于球道、高草区的低洼地汇水区,天然降水或喷灌降水形成的地表径流汇集到低洼地后直接进入雨水井,通过排水管排走。雨水井构造如图 6-5 所示。

排水检查井在球场排水管线上每隔一定距离设置一座。主要位于排水管的交叉汇合处。检查井与雨水井的不同之处在于后者作为排水系统的进水口,而前者主要用于定期检查线路维护,便于清淤。

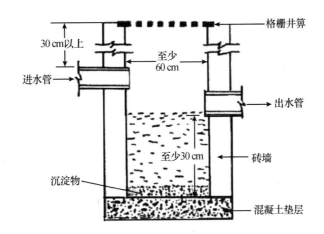

图 6-5 雨水井构造示意图

(引自:梁树友,1999)

排水管道按材质可分为塑料类管材、水泥类管材、金属材料管和其他材料管等四类。现代高尔夫球场排水系统大多数采用 UPVC 管、钢筋混凝土管和素混凝土管。塑料管具有重量轻、易搬运、内壁光滑、耐腐蚀和施工安装方便等优点。在地埋条件下,使用寿命在 20 年以上,并能适应一定的不均匀沉陷。混凝土管的优点是耐腐蚀,价格低廉,使用寿命长,但性脆易断裂、管壁厚、重量大、运输安装不方便。

出水口一般设置在湖岸与湖渠的侧壁,其结构比较简单,管口处常安装活动挡板,以防止啮齿动物进入到排水管中。

2.渗排水系统。根据排水方式不同,渗排水系统可以细化为管式透水和沟槽式透水两个相互独立的排水系统。

沟槽式透水主要用于球道和高草区的零散的低洼地排水。这些零散的低洼地在设计阶段或施工初期由于考虑到施工难度和经费预算,或因疏忽而未能通过埋设地下排水管与排水系统连通来排除地表的积水。此时,简便易行的办法就是采用沟槽式渗水来清除地表积水。常用的有渗水井、渗水沟等,其构造如图 6-6 所示。

渗水井又称为旱井,其建造方法为:在草坪内面积较小且地表排水不畅的低洼地,挖掘深坑,最好挖到沙层,然后在坑底铺设 30～50 cm 的砾石(粒径为 5～20 mm),上层填充中、粗沙,表层覆盖一层厚 10～15 cm 的沙壤土。汇集在低洼地的水可以通过上层的沙壤土和下层的碎石,快速渗入到渗水井底部,然后通过底层

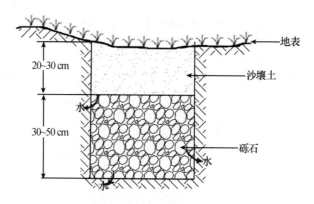

图 6-6 透水井、透水沟剖面图

土壤中的水分移动而排走。渗水井的挖深根据现场的土壤剖面结构确定,其大小取决于低洼地的汇水面积与要求的排水速度。草坪草可以直接建植在上层的沙壤土上。

渗水沟排水是在渗水不畅的低洼地,挖宽 5～15 cm、深 15～75 cm 的盲沟,用粒径 6～20 mm 的砾石填充,最上面覆上一层厚 10～15 cm 的沙壤土,最终形成一条可以排除地表积水的沙砾填充沟。但这种排水方法不能替代地下排水管道,其所排的水量是有限的。有时,渗水沟会与渗水井或排水管道相连,以增强其排水能力。

现代高尔夫球场多采用软式透水管或有孔 PVC 管,铺设于球场中沙坑、果岭和发球台底部以及球道与高草区的局部地区,土壤和沙层中多余的水分通过管壁或管孔进入透水管排走。鱼骨形是高尔夫球场最常采用的排水方式,主排水管位于中间,支管位于主管两侧,并从两侧分别向主管倾斜,使渗入到支管的水流向主管,从主管中排走。主管位于整个排水区的最低位置。这种排水方式常用于果岭和沙坑的地下排水,以及球道内低洼地的渗排水。

主管直径一般等于或略大于支管管径。另外,为了便于检修,在排水主管的最高处应预设检查孔或冲洗口,必要时用压力水冲洗地下排水管,以防堵塞。在排水管出口处预设检查井,以检查排水管的工作情况是否正常。这种排水管布置方式需要较多的斜三通接头。

排水管沟宽应挖 15 cm,最浅 20 cm,沟底须彻底压实,以保证排水管均匀倾斜。排水管沟的杂物应清除,沟底平整光滑。如果种植土与砾石层之间需加一层隔离网,须在这时铺设,但不能覆盖排水管或排水沟。在排水沟底必须铺垫一层砾石,厚度不应少于 25 mm。如果必要,厚度可以增加,以保证排水管道均匀沿坡度安装。排水沟中砾石大小以 6～25 mm 为宜。所有排水管都必须铺设在排水沟中的砾石床上并保证有 0.5％的坡降，PVC 管的孔须面向上，周围用砾石填实。

五、喷灌系统工程

现今的高尔夫球场灌溉系统都采用喷灌。喷灌是利用水泵加压或自然落差将水通过压力管道输送，经喷头喷射到空中，形成细小的水滴，均匀喷洒到作业面上，为草坪正常生长提供必要水分条件的一种先进灌水方法。

(一)喷灌系统的类型

1. 全自动喷灌系统。是指所有的喷灌运行全部由卫星站或控制器自动控制。目前，最先进的自动控制系统，可以通过在场地中安装的土壤水分感应器和气象站实现完全自动的喷灌操作，不需要人为参与控制。

高尔夫球场喷灌自动控制系统由中央控制站、卫星站和遥控阀组成。

中央控制站和卫星站均为控制系统。中央控制站相当于计算机的主机，卫星站相当于终端。中央控制站向卫星站传递信号，卫星站再向控制阀输送信号，启动遥控阀，开始喷灌，也可以由中央控制站直接向遥控阀传递信号，启动喷灌。一个中央控制站控制若干个卫星站。中央控制站设于室内，卫星站设在高尔夫球场的高草区或路边。

中央控制站由一系列复杂的电子元件组成，可分为主体部分与表盘部分。表盘上有控制喷灌的日历和时钟及控制高尔夫球场分区喷灌的分区喷灌键和其他控制键与指示灯。中央控制站的表盘部分设在办公室中，通过在室内设定喷灌开始与结束的总体时间和分区喷灌的循环时间，便可完成整个喷灌操作。随着计算机技术的发展，计算机被引入高尔夫球场喷灌管理中，可以通过计算机实现对中央控制站的操作，继而通过计算机实现对卫星站的控制。

一个中央控制站可以控制若干个卫星站，每个卫星站上有 7～10 个信号点，表盘上的信号点就是分钟表。每个卫星站由 7～10 个信号表和其他的控制盘组成。每个信号点上可以连接 4 个电动遥控阀或 8～10 个水动遥控阀，信号点可控制阀门开启与关闭的时间。卫星站一般设在被控制的阀门区附近，安装在一个箱子中，可以通过中央控制器来控制，也可以手动控制。

全自动喷灌系统的信号传递方式如图 6-7 所示。中央控制站传递到卫星站的信号为电信号。中央控制站具有分区传递信号的功能，分区、分阶段分别给予卫星站信号。中央站向卫星站传递的信号有：喷灌日期、分区喷灌循环时间、洗涤喷灌时间(日期)、降雨日期等。

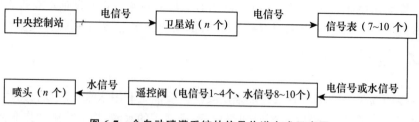

图 6-7　全自动喷灌系统的信号传递方式示意图

卫星站接收中央站的信号后,向卫星站上的信号表发送信号,信号表开始运转。卫星站输送给信号表的信号为电信号。卫星站也可以手动单独控制,通过事先设定各信号表的喷灌起始与结束时间进行独立喷灌。一个卫星站一般有 7～10 个信号表。

信号表运转后,向遥控阀传递信号,遥控阀启动给管道供水,同时,遥控阀所控制的若干个喷头启动运转。每个信号表可以控制 1～4 个电动遥控阀或 8～10 个水动遥控阀。信号表传递给遥控阀的信号为启动与关闭的时间。信号表传递给遥控阀的信号为水力或电力信号。由于从卫星站的信号表传递给遥控阀的信号有水力和电力两种,因此,自动喷灌系统可以分为自动电力喷灌系统和自动水力喷灌系统两种。

从中央控制站向卫星站传递信号都是电信号,电压一般为 120 V。因导线连接方式的不同,可以为并联式(平行式)、串联式(递传式)和混合式三种信号传递方式。并联式由中央站向各卫星站同时传递信号,卫星站之间互相没有联系;串联式是中央站先给第一个卫星站传递信号,第一个卫星站完成喷灌循环后再给第二个卫星站传递信号,依次向下传递;混合式是将串联与并联式两种方式相互结合进行信号传递。

自动控制系统除了上述信号传递方式外,还有两种信号传递途径:一种是中央控制站可绕过卫星站和信号表直接向遥控阀传递信号,控制喷头的开启与关闭;另一种是通过对卫星站中信号表的单独设置,卫星站可以不在中央控制站的控制下直接向遥控阀传递信号。前者适于夜间在室内实施喷灌操作;后者适于白天在场地中通过人工设定信号表实现喷灌操作。

全自动喷灌系统是目前最高效的一类高尔夫球场灌溉系统。其每一喷头转动时都有精确的时间控制,即使夜间灌溉也不需要人守候,一般由球场主管一人就能给整个球场草坪进行灌溉。因此,合理设计、制造、安装和使用的自动灌溉系统,控制方便,性能可靠。

虽然自动喷灌大大减少了实际灌溉活动中的劳工成本,但仍需要一人满班进行操作和养护。高尔夫球场主管人必须每日花费时间决定浇水时间和为养护制定时间表。5～10年后,修理、买零件和更新设备的资金也是很可观的。

2.半自动喷灌系统。高尔夫球场中一部分喷灌操作由人工完成,另一部分由卫星站或控制器自动控制,即果岭、发球台等重要草坪区域采用自动控制,而球道、高草区采用手动控制。半自动灌溉系统包含直接用手工操作末端控制的阀门。半自动喷灌系统有低成本和将来有升级潜力的优点。高尔夫球场可以以最小的开支,合理设计和安装半自动喷灌系统。

3.手动喷灌系统。所有喷灌运行由人工开关阀门完成,其建设成本为全自动系统的35％～50％,是三种喷灌系统中成本最低的一种。但管理成本高,需要较多的人力开关阀门,同时费水、费电,并且难以达到均匀喷灌的效果。

随着高尔夫球场喷灌技术的发展和对高质量草坪的要求,多数高尔夫球场已逐步采用具有操作方便、喷灌准确、降低管理费用的自动喷灌控制系统。

(二)喷灌系统的组成

高尔夫球场的喷灌系统通常由水源工程、水泵和动力机、管道系统、控制部件、喷头以及附属设备几部分组成(图6-8)。

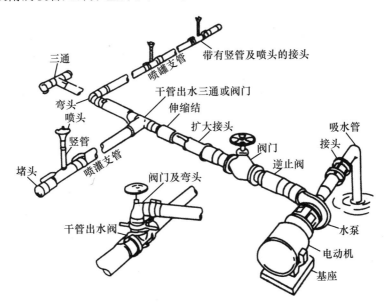

图6-8　喷灌系统组成示意图

(引自:水利部农村水利司,1998)

1.水源工程。高尔夫球场喷灌系统的水源可以是河流、湖泊、水库、池塘和井泉等,但都必须修建相应的水源工程,如泵站及附属设施、水量调蓄池和沉淀池等。

2.水泵和动力机。水泵是喷灌工程中的重要设备。它既可以单独作为提水机械,又是各种现代灌溉系统的重要组成部分,为灌溉系统从水源取水加压。与水泵配套的动力机,通常是电动机。在缺少电力供应的地方可以用柴油机、汽油机或拖拉机作为水泵的动力机。小型高尔夫练习场喷灌工程往往用水泵一次完成提水和加压工作,大型高尔夫球场喷灌工程为了降低系统工作压力,通常采用分级加压的方式。喷灌系统实际工作流量变化大时,应对水泵的运行进行调节,最常用的有增减水泵开启台数和配备压力罐进行水泵工作时间调节等方式。

高尔夫球场喷灌系统常用的水泵类型包括离心泵、井泵(长轴井泵、深井潜水电泵)、真空泵等。其作用是给灌溉水加压,使喷头获得必要的工作压力。

设计喷灌用水泵,应当从确保喷灌质量、节能、安全、经济等方面,统筹考虑,选取经常出现且有代表性的工况(即常现工况)为设计工况,以最不利的工况为校核工况。喷灌用水泵需校核如下两个工况:

对灌区位置最高、距离最远的喷点,校核可能出现的最低喷头工作压力,看它是否达到喷头设计工作压力范围的下限值。

对位置最低、距离最近的喷点,校核可能出现的最高喷头工作压力,看它是否超出喷头设计允许工作压力范围的上限。

3.管道系统。管道是喷灌系统的主要部件,用于高尔夫球场喷灌系统的管道种类很多,各有特点和适用条件。按使用方式可将喷灌管道分为固定管道和移动管道两类;按材质可将喷灌管道分为金属管道和非金属管道两类。金属管道的原料为金属,有铸铁管、钢管、薄壁铝和铝合金管、薄壁镀锌钢管等。非金属管道又分为脆硬性管和塑料管两种:脆硬性管的主要原料是水泥,有自(预)应力钢筋混凝土管、石棉水泥管等;塑料管有聚氯乙烯(PVC)管、聚乙烯(PE)管、改性聚丙烯(PP-R)管、维塑软管和涂塑软管等。

各种管道的物理力学性能不同,适用条件不同。金属管道、石棉水泥管、自(预)应力钢筋混凝土管、硬塑料管可埋入地下作为固定管道;薄壁金属管重量小,拆装移动方便,可用作移动管道;维塑软管和涂塑软管通常作移动管道。

4.控制部件。控制部件的作用是根据喷灌系统的要求来控制管道系统中水流的流量和压力,保证系统运行安全。前面已介绍了全自动喷灌系统的控制部件,这里介绍手动控制部件。

(1)阀门:阀门是用以控制管道的启闭与调节流量的附件,按工作压力大小可以分为低压阀门、中压阀门、高压阀门等,喷灌一般都使用低压阀门。按结构分类,喷灌管道中常用的通用阀门有闸阀、蝶阀等;驱动方式一般为手动,连接方式为螺纹或法兰。

给水栓是喷灌系统的专用阀门,常用于连接固定管道和移动管道,控制水流的通断。给水栓分为上下两部分,下阀体连接在固定管道上,上阀体通过快速接头与移动管道连接。

(2)逆止阀:逆止阀又叫止回阀,是一种根据阀前后压力差而自动启闭的阀门。它使水流只能沿一个方向流动,当水流要反方向流动时则自动关闭,在管道式喷灌系统中常在水泵出口处安装逆止阀,以避免突然停机时水倒流。

(3)竖管快接控制阀:竖管快接控制阀是支管和喷头竖管的连接控制部件(又称为方便体)。工作时将装好喷头的竖管插上,打开支管出水口;停止工作时,取下喷头竖管启动封闭支管出水口。

(4)下开式停泵水锤消除器:下开式停泵水锤消除器用于防护突然停泵时,因降压可能产生的水锤压力对管道的破坏,它一般与逆止阀配合使用。目前国内生产的下开式直接水锤消除器只有在小流量、高扬程、长管道的场合,其防护效果才比较理想。但当事故停泵过程中初始阶段的最大压降接近于正常工作压力时,不宜用这类安全阀进行水锤防护。

(5)安全阀:安全阀的作用是当管道的水压升高时自动开放,减少管道内超过规定的压力值。在喷灌系统中如阀门关闭太快会造成阀门前管段压力突然上升,安装安全阀即可消除水锤,防止事故的发生。在不产生水柱分离时,将安全阀安装在管道的始端可对全管道起保护作用;如果产生水柱分离,则必须在管道沿程一处或几处另装安全阀才能达到防止水锤的目的。

(6)减压阀:减压阀的作用是在设备或管内的压力超过规定的工作压力时,自动打开降低压力,以保证设备或管道内在正常压力范围内运行。通常在地形很陡管线急剧下降处,管道内的压力急剧增大,超过允许压力时,应安装减压阀。

(7)空气阀:空气阀的作用是当管道内存有空气时,自动打开通气口,管内充水时进行排气后,封口块在水压的作用下自动封口;当管内产生真空时,在大气的压力作用下打开出水口,使空气进入管内,防止负压破坏。

5.喷头。喷头是喷灌系统的专用设备(图6-9),形式多种多样,但作用都是将管道内的连续水流喷射到空中,形成众多细小水滴,洒落到地面的一定范围内补充土壤水分。对喷头的基本要求有:

(1)使连续水流变为细小水滴(称为雾化)。

**图6-9　地埋式
全自动升降喷头**

（2）使水滴较均匀地喷洒到地面的一定范围内（称为合理的水量分布）。

（3）单位时间内喷洒到地面的水量应适应土壤入渗能力，不产生径流（称为适宜的喷灌强度）。

单喷头的喷洒范围很有限，水量分布难以达到均匀，故实际应用中经常是多喷头作业，称为喷头组合。作业中喷头边喷边移动时称为行走式喷洒（简称行喷），作业中喷头不移动的称为定点喷洒（简称定喷）。

6.附属设备、附属工程。高尔夫球场喷灌工程中还用到一些附属设备和附属工程。如果从河流、湖泊取水，则应设拦污设施。为了保护喷灌系统安全运行，必要时应设进排气阀、调压阀、减压阀、安全阀等。在北方地区，为了使喷灌系统安全越冬，应在灌溉季节结束后排空管道中的水，故需设泄水阀。为观察喷灌系统的运行状况，在水泵进出管路上应设真空表、压力表以及水表，在管道系统上还应设置必要的闸阀，以便配水和检修。以电动机为动力时应架设供电线路，配置低压配电和电气控制箱等。利用喷灌喷洒农药和肥料时，还应有必要的调配和注入设备。

通常可通过灌溉对高尔夫球场草坪施肥或加入其他物质。最近在我国一些地区应用这种方案，即喷灌施肥法，已获得很大的成功。灌溉系统用于施用化肥时应增加一个能够调节流速的水泵。另外，因阀门和草坪灌溉系统的喷嘴孔径相对较小，所以只能用液体化肥。成功应用喷灌施肥的关键是合理地设计和安装灌溉系统，保证整个草坪用水一致。但大多数灌水系统是不能满足这些标准的。当应用喷灌施肥法时，还应考虑到化学制品对管道、阀门、竖管和喷头等设施的腐蚀作用。

（三）喷灌水源和水质

井水、河流、湖泊、水库、池塘、经过净化的污水等都可作为高尔夫球场喷灌系统的水源。

1.井水。高尔夫球场灌溉普遍使用井水。在某些地方，深6～13 m的井即可提供大量的水，而有些地方必须花费大量的成本将井钻到深457～762 m才能获得足够量的水。经测定，产水量为1 892.5～3 875 L/min的井，可以满足18洞高尔夫球场自动灌溉系统的用水。

井水量比大多数地表水变化小，井水温度和矿物质含量较一致。井作为水源比地表水源要贵。在我国一些地区，由于农业、工业和城市居民用水使地下水位下降，因此，这些地区利用地下水是受限制的。井水可直接抽出进入灌溉系统或抽入池塘或蓄水池，然后再作灌溉用。对于前者，必须在系统设计时安装压力调节器或缓冲阀。对于后者则是在水的供给速度不能满足灌溉需要时才采用的方法。

2.湖、池塘和水库水源。地表水包括大的自然湖或人造湖、池塘和水库，是高尔夫球场灌溉很好的水源。湖用水源存在的主要问题是一些颗粒性杂质，如藻、水草、沙、有机物沉渣、鱼、青蛙和蜗牛等会进入喷灌系统。设计师通常设计两湖系统，即用两个湖为同一个高尔夫球场灌溉。每个湖应有一定规模来满足至少 3～4 d 的灌溉需要。通过这样安排才可能在一个水库或湖作为高尔夫球场灌溉水源时，另一个用化学药品来防治水草等。湖或水库中的颗粒性物质或沉渣进入灌溉系统将会阻塞喷嘴、阀和吸水管等，应引起重视。

3. 长年流动的溪流和河水。如果长年流动的河和溪流水量和流动持久性可靠，也可以作为高尔夫球场喷灌水源。测定在潮湿年份和干旱年份溪水流动模式，从当地水利局可以获得有用的信息。一般地，落潮水量至少超过高尔夫球场灌溉最大需要量的 50%。洪水阶段也应该测定。在有些情况下，部分溪水或河水最终会进入小型水库，这是很普遍的。可允许应用溪水和河水，但为下游用水必须保证一定量的水继续流动。

这种水源的水质是潜在问题，因为位于上游的化工厂可能已常向水中倾倒对草坪有害的废水。另外水中的有机物沉渣和固体物质也会引起不容忽视的问题。合理的保护措施是清除这些物质以保证它们不进入灌溉系统。合理的吸水结构可以减少灌溉系统部件的淤塞、堵塞和摩擦损耗。

如果流水量适当，河里的水可以直接抽入灌溉系统，或先抽进球场内的池塘，然后再进入灌溉系统。

因为溪流速度、水位变化水平和不同量的沉渣、淤泥和沙引起的麻烦，直接从溪里抽水进入灌溉系统是不实际的。最好的方法是建造一个池塘或一个至少深 15 m 的盆地。构建一个管道连接河与池塘。池塘深度应比河的平均最低水平面低 1.8～2.4 m。池塘必须足够大，最少应能盛 6 d 灌溉用水量。建造这类池塘提供的水源比直接从河里抽水获得的流渣和沙要少。

4. 运河水。在我国某些地区的运河作为球场灌溉用水源。水的航道由政府控制，从而增加了用水量的限制，尤其在干旱时期更是如此。有关沉渣和颗粒性物质的问题同前面河流讨论的一样。

5. 公共用水。许多高尔夫球场的水源是公共用水。但在干旱季节，公用水源分配给高尔夫球场的供水很少，其结果有可能导致灾难性事件发生。另外，公用水越来越贵。虽然最初成本比钻井或建水库成本少，但长期购水费用很高。如果水源可靠，可以直接与灌溉管道相连，能节省大量的成本。与长年流动的溪水或湖水比，公用水的好处是水质较高，沉渣较少。

为避免用水限制，高尔夫球场应建立一个中型蓄水池，以备不时之需。不管水是直接抽进灌溉管道还是通过中介储水池，都应安装抗虹吸装置，以保护潜在的污水逆流入民用水管。

6. 污水回用水。草坪可接受含有中等水平金属和其他元素的污水。因污水能进入人类食物链或限制作物量,所以不能用于作物生产。因而,草坪灌溉提供了最佳处理污水的方法之一。

污水处理工厂一般有 3 种处理标准。第 1 个标准是清除固态物质,第 2 个标准是清除一些不溶杂质,而第 3 个标准是清除更多的杂质。每个标准都是比较高的。相反,作为水过滤器的土壤提供了先进且经济的水处理方法。土壤有很强的处理有机废物的能力。通过施用好的具有无机特性的污水,可以改造某些碱性土壤。

污水供给的可靠性是一个积极因素。另外,与其他水源相比,尤其在干旱地区,污水的成本也是很吸引人的。在一些地区,使用污水不用花钱,或只需交纳抽水费用。在另一些地区,污水仅以饮用水价格的 25%～35% 出售。在未来,污水的成本有可能会提高,但仍会比其他水源经济。

有些存在于污水中的化学制品可能对草坪草生长有害。因此应根据环境保护机构的规章监测草坪灌溉用水。主要的化学问题是工业污染,这些废物包括盐水、重金属和稳定的有机物质。处理这类废水的方法是通过渗透限制把家庭污水与工业污水分开或通过双重地下管道系统分开。

另一个污水中盐来源是某些种家用水软化剂。通过污水处理过程的一个循环,可除掉约 0.03% 可溶性盐。

在污水中有 5 种微量元素需特别注意,要求持续不断地监测。国际上建议草坪灌溉污水含钙量不应超过 0.005 $\mu g/g$,含铜量不应超过 0.2 $\mu g/g$,含镍量不应超过 0.5 $\mu g/g$,含锌量不应超过 5 $\mu g/g$,含硼量不应超过 0.5～1 $\mu g/g$。另外,污水应不断地监测,以确认是否有汞污染。

良好的喷灌条件是养护好高尔夫球场草坪的基本条件,高尔夫球场草坪喷灌条件的好坏将在很大程度上影响高尔夫球场的草坪质量和高尔夫球场的营业状况,因此,高尔夫球场的喷灌系统工程是一项极其重要的工程,将直接影响日后的草坪管理和高尔夫球场的管理水平。

草坪喷灌对水质有一定的要求,无论是自然水源还是人工开发的水源,其水质应在满足草坪喷灌水质标准后,才可输送到喷灌管道中。因此,开发水源时,应进行取样测试,保证开发的水源符合草坪喷灌的要求。

六、细造型工程 ◆

高尔夫球场的细造型工程主要包括球道、高草区、隔离带的微地形建造和局部造型细修整工程,以及一些特殊区域如果岭、发球台、沙坑的建造工程。在球道和高草区的排水系统和喷灌系统的管道铺设完成后,着手实施球道细造型工程。球道和高草区的细造型工程是一项比较特殊的工程,通常根据高尔夫球场造型等高线图无法充分实施,这项工程需要根据球道造型局部详图和设计师现场指导实施。设计师依据高尔夫球场的设计风格和高尔夫球场的整体理念与构思,结合高尔夫球的运动规律以及地表排水、管理可行性等多方面的因素,针对每个球道的局部区域,确定微地形起伏建造形式。

球道与高草区的细造型方案确定后,按照设计师的意图修建微地形如草坑、草沟、草丘等,对造型不适的局部区域进行细修整和微调,对粗造型工程中形成的所有造型区域进行精雕细刻,使整个球场的造型变化自然、流畅,无局部积水现象,利于剪草机械和其他管理机械的运行。细造型后形成的局部排水坡度一般不小于2%,最终的造型标高需符合造型图的要求,误差控制在 5 cm 以内。

细造型工程应与坪床建造工程结合实施。在细造型进行到一定程度后,将堆积起来的表土重新铺回球道与高草区中,在表土铺设后,对造型进行细致修整。根据表土的堆积量和需要铺设的面积确定回铺厚度,一般不小于 10 cm,球道上最好能达到 15 cm。在表土量不足时,应首先满足球道的要求。高草区回铺的表土层一般也不能太薄,因为高草区草坪在成坪后的管理中,施肥一般较少,应使原土壤具有较高的肥力。

七、果岭草坪工程

目前,世界上通用的果岭建造方法为美国高尔夫球协会(USGA)果岭标准建造法。

(一)USGA 果岭建造标准

果岭建造的 USGA 标准方法首次发布于 1960 年,后来在 1973 年、1982 年和 1993 年进行了进一步调整。这种方法以大量的实验研究为基础,得到了广泛的应用。按 USGA 标准建造的果岭主要优点有:①抗紧实;②利于根层的水分渗入和水分过多时快速排水,避免表层积水;③减少表层径流而增加有效降水;④根际层具良好的通气性,可为根系的健康生长提供充足的养分。

USGA 标准要求果岭根际层有含量较高的沙子,并对沙子的粒径有特殊的要求。

1. USGA 标准根际层沙的粒径要求。表 6-1 列出了 USGA 标准推荐的果岭根际层混合物的粒径分布要求。USGA 标准将沙粒部分分为五级,分别为很粗的沙(1.0～2.0 mm)、粗沙(0.5～1.0 mm)、中沙(0.25～0.50 mm)、细沙(0.15～0.25 mm)、很细的沙(0.05～0.15 mm)。从表 6-1 可以看出,USGA 标准认为果岭根际层应以粗沙和中沙为主,即粒径在 0.25～1 mm 的颗粒最少要达到总量的 60%;很粗的沙与小砾石(2.0～3.4 mm)的含量之和不能超过总量的 10%,且小砾石量最大不超过 3%;细沙量不超过 20%;小于 0.15 mm 的很细的沙、粉粒、黏粒分别不能超过总量的 5%,而且三者总和不能超过 10%。这样的粒径分布能够保证整个根际层颗粒分布的均匀性较高。

表 6-1　USGA 标准推荐的果岭根际层混合物的粒径分布要求

(引自:崔建宇,边秀举,2002)

名称	粒径大小/mm	推荐量(以重量计)	
小砾石	2.0～3.4	不能超过总量的 10%,其中小砾石的最大量不能超过 3%,最好没有	
很粗的沙	1.0～2.0		
粗沙	0.5～1.0	至少要达到总量的 60% 以上	
中沙	0.25～0.5		
细沙	0.15～0.25	不能超过总量的 20%	
很细的沙	0.05～0.15	不能超过总量的 5%	三者之和不能超过总量的 10%
粉粒	0.002～0.05	不能超过总量的 5%	
黏粒	<0.002	不能超过总量的 3%	

2.USGA 标准果岭根际层的物理特性。除了粒径分布以外,USGA 标准还重视果岭草坪根际层的土壤物理特性(表 6-2)。表 6-2 表明,整个根际层的总孔隙

表 6-2　USGA 标准推荐的果岭根际层的其他物理特性指标

(引自:崔建宇,边秀举,2002)

物理特性	推荐范围
总孔隙度	35%～55%
通气孔隙度	20%～30%
毛管孔隙度	15%～25%
饱和导水率(渗透率)	正常范围:15～30 cm/h 高速范围:30～60 cm/h
容重	1.2～1.6 g/cm³(理想值为 1.4 g/cm³)
持水力	12%～16%
有机质含量	1%～5%(理想值范围 2%～4%)
pH	5.5～7.0

度、通气孔隙度、毛管孔隙度分别要达到35％～55％、20％～30％和15％～25％。饱和导水率(或渗透率)一般要达到每小时15～30 cm,但是在雨水特别多或雨季比较集中的地区,最好能达到每小时30～60 cm,以保证多余的水分能迅速排入排水管,使果岭表面不出现积水。此外,容重以1.2～1.6 g/cm^{3}为宜,1.4 g/cm^{3}最理想;持水力范围最好为12％～16％;有机质含量在1％～5％即可,以2％～4％为最佳;酸碱性以中性、微酸性最佳,pH最好在5.5～7.0。

　　按照USGA标准的要求,根际层一般由沙和有机物质混合而成。考虑到沙子的通透性好,渗透力强,不易造成紧实,但其持水、保肥能力差,因此一般都需要加入有机物质来进行改良。最常用的有机物质是草炭,草炭的有机质含量最好在80％以上,纤维含量以50％～80％为宜。但是,如何来确定沙与草炭的比例,通常需根据实验室测试结果为球场建造者推荐适宜的比例。在欧洲,二者的比例通常多为8∶2或7∶3。此比例在中国是否适用,仍需更多的研究与实践去证实。因为在某地区适宜的比例,当在其他地区应用时,随着气候条件的不同应有所调整,而且草炭本身的特性也不一样。因此,这是一个值得深入研究的问题。

　　3.USGA标准果岭的构造。图6-10为USGA标准的果岭构造示意图。由左侧经典的USGA标准果岭结构图可以看出,果岭构造在地基上依次是砾石层、过渡层(也称粗沙过渡层)、根际层。砾石层的厚度为10 cm,粗沙层为5～10 cm,根际层为30 cm,整个果岭的深度为45～50 cm。

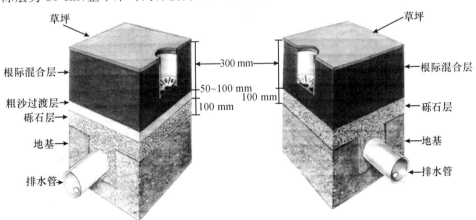

a.USGA标准的果岭（粗沙层存在时）　　b.USGA标准的果岭（当适宜的砾石被使用时，粗沙层可省略）

图 6-10　USGA 标准的果岭构造示意图

(引自 James B Beard,2002)

根际层下面的过渡层的作用是防止根际层的沙子渗流到砾石层,阻塞排水管。此外,过渡层使水分从根际层到砾石层中有一个缓解过程,故可起到稳定果岭结构的作用。砾石层一般应使用用水冲洗过的砾石,目的是为了减少石粉、脏物对石子间隙的堵塞,以便将来根际区多余的水能迅速排入排水管道内。

当有粗沙过渡层存在时,其粒径应以 1～4 mm 的颗粒为主,含量至少要达到总量的 90% 以上。这时,砾石层砾石的大小要求 6～9 mm 的颗粒含量最少达到 65% 以上,大于 12 mm 和小于 2 mm 的颗粒含量分别不能超过总量的 10%。对于过渡层的铺设,USGA 标准认为最好是人工铺设,因为大型机械很难保证整个过渡层均匀一致。在球场建造过程中,粗沙层的铺设是一项十分艰巨的工作。然而,该层是否必须要设置,经过广泛的研究证实,其必要性取决于上面根际层与下面砾石层的粒径大小匹配情况。当选用的砾石层粒径符合表 6-3 中参数时,其过渡层可以省略(图 6-10b)。否则,盲目省略过渡层将会带来严重的后果乃至果岭建植失败。因此,实验室测定在此种情况下必不可少。

表 6-3　粗沙层不存在时砾石大小的推荐标准

(引自:崔建宇,边秀举,2002)

考虑因素	推荐标准
桥梁作用	$D_{15(砾石)} < 5 < D_{85(根际)}$
渗透能力	$D_{15(砾石)} < 5 < D_{15(根际)}$
均匀性	均匀系数: $D_{90(砾石)} / D_{15(砾石)} \leqslant 2.5$
粒径分布要求	粒径不能有大于 12 mm 的 小于 2 mm 的不能超过总量(以重量计)的 10% 小于 1 mm 的不能超过 5%

注:$D_{15(砾石)}$ 指砾石层总重量中最小的 15% 部分所对应的粒径;

　　$D_{85(根际)}$ 指根际层总重量中最小的 85% 部分所对应的粒径;

　　$D_{15(根际)}$ 指根际层总重量中最小的 15% 部分所对应的粒径;

　　$D_{90(砾石)}$ 指砾石层总重量中最小的 90% 部分所对应的粒径。

当过渡层不存在时,USGA 标准对砾石大小的要求与过渡层存在时是不相同的。在实验室根据粒径分布的测试结果来判断在砾石层中最细小的 15% 的颗粒和根际层中最粗的 15% 的颗粒之间是否能够起到桥梁的作用,如果符合 $D_{15(砾石)} < 5 < D_{85(根际)}$,说明根际层的颗粒与砾石之间相容性高,这时可以将过渡层省去。

否则,当二者之间的相容性较差时,如贪图省事私自决定将过渡层省去,在以后会造成根际层的沙粒阻塞砾石之间的大孔隙,引起排水不畅,最后影响草坪的健康生长和比赛的正常进行。因此,过渡层是否需要铺设首先取决于根际层与砾石层所选择的材料之间是否具有桥梁作用。此外,对砾石的渗透能力与均匀性也有严格的要求。为了保证在根际层与砾石层之间的渗透能力一致,应当满足 $D_{15(砾石)} < 5 < D_{15(根际)}$,而且整个砾石层的颗粒大小应均匀,均匀系数要求小于或等于2.5。总之,是否需要铺设过渡层不是随意决定的,而要有科学依据。

(二)果岭的建造过程

果岭建造是高尔夫球场建造中最昂贵、最费时的部分。它一般包括一个大的地下排水系统、特殊根层的改良和精细的地表造型等。不合理的削减建造费用会导致果岭使用中长期养护投入的提高,同时很难维持高质量的果岭。果岭建造的主要步骤见图6-11。

1.测量和放样定桩。果岭的测量和放样定桩是从已确定的果岭中心线开始的,用永久水准点控制标高,放出整个果岭的平面轮廓。在高尔夫球场开建时即在场内定下了一个永久水准点,在以后测量果岭、发球台、球道、沙坑和湖的高度时,都用永久水准点作为参照点;在每个洞建造前,都要测定出每个洞的中心线,即从发球台中心开始沿着球道在其弯曲或转折点,最后到果岭中心,连成的一条中心线,作为每个洞测定放样时的副参照点。

根据设计图纸,在果岭的周围,以4m左右的距离打桩,在变化的突出点上如最高和最低点可附加定桩。每条木桩用鲜艳的颜色涂抹并注上标高数,以便引导造型师在实际操作造型机械时掌握每点的变化和控制填方或挖方。

2.地基的粗造型和细造型。果岭地基的粗造型一般是造型师按设计图和现场的定桩,指挥和操作造型的机械如推土机、挖土机、运土车辆等,挖除多余或填埋所需的土方,以达到设计要求的高度。果岭地基最终定型后的高度低于果岭最后造型面30～45cm,内凹下去的地基是为了放置30～45cm的排水材料和根层沙质混合物。

在完成机械化的粗造型后,果岭地基大致反映了果岭地面的变化形状。此时,配以人工对整个粗造型的地基加以修补、夯实、整洁等细致的工作,使之平顺、光滑。有些高尔夫球场为了使地基更加稳固,地基表层黏土常混合石灰或水泥。

3.排水系统安装。果岭的排水对果岭后期养护管理极为重要,地基排水是果岭排水的基础。排水不畅,很快、也很容易在雨季时造成烂草、烂根、长青苔,严重的甚至无法打球,需在球道上修建一个临时果岭。这在早期的国内南方建造的球场上是普遍存在的问题,给后期的养护管理带来了一系列困难,加大了养护成本,

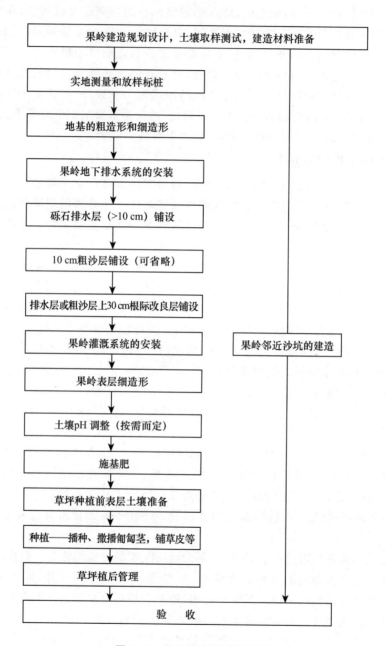

图 6-11 果岭的主要建造步骤

却难以达到良好的养护效果。不论地基排水、根层渗透或地表排水(通过造型实现),创造一个良好的排水体系是果岭建造时最重要、最基础的工作之一。果岭地基排水实施步骤如下。

(1)放样划线:排水系统多采用鱼脊形和平行形,如果第一支管线过长,可增设第二侧支管线,最终的目的是在果岭的地基下形成一个有效的、快速的、完善的排水网络。支管之间的间距4～6 m,两侧交替排列,角度45°。放样划线可用喷漆、沙、石灰、竹签或木桩定桩。

(2)开沟挖土:不论是机械或人工开沟挖土,沟的深浅依排水管的大小来决定,沟比管宽和深各长10～15 cm,如支管是110 mm,沟深、宽各21～26 cm,上下左右留有足够的空间放砾石,将排水管包围在中间。从主管道进水口到出水口,坡度至少为1%。在完成开沟后,有必要重新测量一下排水沟的坡度,以达到所需的倾斜度。

(3)夯实平整:排水沟开好后,用相应的工具拍实沟的三面,使泥和砾石有较好的分隔。

(4)沟底铺放砾石:排水沟底放入5～10 cm厚、直径4～10 mm经水冲洗过的砾石。南方地区雨水较多,砾石可稍大些,为5～15 mm。

(5)放排水管:排水主管直径200 mm,侧排水管直径110 mm。一般选用有孔波纹塑料管,其优点是管凹壁有孔,有利于排水和透气;管凸壁和管凹壁的连接使管子具有一定的伸缩和弯曲性,便于现场随地形放管,不受直线的制约;因其伸缩和弯曲性,不会受地陷影响而裂缝或折断。主管和支管的进水口用塑料纱网封口,防止沙、石冲入管内。主管和支管的连接处用三通连接。

(6)铺放砾石盖满排水管:排水管放在沟的中间,在管的左右和上面都填放经水冲洗过的4～10 mm砾石,砾石面比地基面略高,呈龟背形。

(7)放防沙网:在排水管砾石上面,铺盖一层防沙网,以铁线钉将防沙网固定,防止根层的河沙渗漏到砾石的间隙,造成排水管堵塞,降低透气和排水。防沙网多用塑料纱网或尼龙网,便宜而实用。

4.砾石层铺设。在排水层的基础上,铺上一层厚约10 cm经水冲洗过的4～10 mm的砾石,将整个果岭地基铺满。使用水冲洗过的砾石是为了减少石粉、脏物对石子间隙的堵塞,以便将来根际区多余的水迅速地排入排水管道内。在做砾石层前,将准备的一些竹桩或木桩,画上石砾层、粗沙层的厚度线,以确保地基内这些材料铺放时均匀、符合要求的厚度。竹桩的间距2 m左右。密度越大,铺放石、沙越均一。

5.粗沙层铺设。在砾石层之上铺设一层厚度为5 cm、颗粒直径1～4 mm的粗沙层。它能防止根际层的沙子渗流到砾石层,阻塞排水管。沙的流失会造成果岭表面变形,破坏原来的造型。粗沙层使水从根际区渗到砾石中有一个缓解过程,起到稳定果岭结构的效果并对根际区的沙有阻挡作用。粗沙层一般采用人工铺设,增加了果岭建造的成本和难度,在一定条件下,可省略粗沙层。

6.根系层建造。大部分高尔夫场地的土壤以黏土、粉沙土、石块和类似的不适合果岭草坪质量要求的土壤为主,因而果岭草坪根际层必须用专门准备的混合土来建造。USGA标准的果岭根际层是以沙为主的沙和有机质的混合土壤。这样的根层不易紧实,有相对高的水分渗透和渗漏率;另外,沙质根层有较好的透气性,特别是氧气,利于形成较深的根系。但是,应该认识到,沙质根层有不利之处,如阳离子交换的能力差、持水能力差等。

(1)根层混合材料的选择:选择根层最适的混合材料至关重要,它影响到果岭的长期性能,如表面质量、方便的草坪管理和低的养护投入等。不少高尔夫球场在建造过程中忽略了土壤材料的选择,结果在使用一定时期后不得不重新以更高的投入重建果岭。

仅凭干燥混合物的外表面的质感判断它是否适用于根层是不妥当的。正确的方法是:a.土壤物理特性的测试;b.对涉及的各种土壤材料化学性质的测定;c.对具体的土沙有机混合物进行长期的实地综合试验观察。

在准备一个优质的根层混合土时,土—沙—有机物的用量(体积比)因上述各组分的理化性质不同而变动很大,不能以简单的测试就对这些标准做出评价。最好的方法是将各组分交给一个土壤测定实验室,得到各组分的数量指标才可作为估计最佳土—沙—有机质组合的标准,这样才会形成一个有良好的渗透率、渗漏率和通气性的根层。

(2)根层土壤的实验室分析:选择根层混合物时,首先要详细了解所要使用的各组分的理化性质以及这些组分不同配方的性能。精选有代表性的土、沙和有机质样品,交给专业认证的土壤测试实验室进行测试。

实验室首先测定渗透率或饱和导水率、孔隙分布或粒径分布、持水力、团聚性、容重和矿物质组成。接着准备和选择一系列不同的土、沙和有机质组合,依据前面各组分的物理性质分析,决定哪个配方入选。合成的供试混合物应压实后测定其水分传导性和孔隙分布特征,找出理想的搭配比例。可行的土、沙和有机质的配方只能对特定的土壤材料使用。

在对土壤材料进行物理性状测试评价的同时,还要求进行化学特性的测试评价。化学性质包括:pH、必需元素的含量、总的可溶性盐量。如果发现有潜在的问题,可特别要求测定微量元素的含量水平。

实验室分析结束后,测试方应向球场提供测试分析报告。报告中最好包括有高尔夫果岭根层土壤改良经验的资深的土壤科学家关于分析测试的说明。

大多数农业院校和科研单位可以做上述测试,但要提供合理化的建议还需有经验的专家参与。其报告作为土壤改良的重要参考资料还是有价值的。根层混合物的选择不求助专业的土壤测试实验室,想当然地冒险做出决定,很可能会造成果岭紧实和排水困难等问题,其结果终归是重建。

(3)实验室土壤分析取样:实验室分析要求沙最少有 8 L,土壤、有机质以及用于排水的砾石最少有 4 L。如果沙、土和有机材料各有几种可供选择,则提供的每个样品应依据价格和可选性表明一个优选项。实验室在推荐可行的根层组合时将尽量使用优选材料。

为取得包含所有组分的代表性的样品,取样时必须十分仔细。如果材料是堆放的,应从侧面和顶部取几个样。边缘或斜面上的材料可能不具代表性,即使延期几个月,也要确定卖方是否能提供足够的与呈送样品相同的、均一的材料。采用河沙和浅滩的沙子最好过筛处理。

土样有专门的要求。只有土表 0~15 cm 的土壤可利用。应标明取土的地点,并取 3 个或更多的样品混合。选择的土壤应是沙、细沙、沙壤土或壤土。

所有的样品都应严格分离。用结实的塑料袋封装并放于硬盒或金属罐中。避免用纸袋装湿土或湿沙。当样品送到实验室时,若发生容器破裂,样品混合,则实验室必须要求重新送样。

纸标签与湿材料包装在一起会迅速损坏,用塑料标签比较合适。标签上应提供尽量多的信息,如参试材料的使用目的,当地的气候条件、水质等。另外最好向实验室提供适当的联系电话。

(4)根层改良物质:大部分现代果岭的建造都使用了场地外的一种或几种物质来改良根层土壤,这就需要选购合适的材料。选择根层改良物质的标准包括:a. 对土壤质地和相关物理特性的影响;b. 对土壤化学特征的影响;c. 长期效力和稳定性;d. 当地可用性;e. 需用量与供给能力;f. 费用;g. 长期可得性。

土壤成分:根层混合物土壤组分最好能在高尔夫球场内得到。用于根层改良的最佳土壤组分是壤沙、沙壤和壤土,避免使用粉粒含量大于 20%或黏粒含量大于 10%的土壤。土壤应打碎成均一的颗粒,并用孔径为 2 mm 的细筛过滤除去石块或其他杂物。

沙子成分:沙子颗粒的大小、形状、硬度、颜色和 pH 差异很大,某些沙适用于根层改良,而另外一些沙则适用于制作混凝土。在使用强度较大的果岭的根层混合物中,沙应占很大的比例。因为它能提高根层的通气性和水分的传导能力。而且,与其他组分相比,它不易造成土壤紧实。颗粒较圆滑,硬度高,冲洗过并过筛的硅质沙是根层改良的首选用沙。尽量避免使用高 pH 的钙质沙。沙子的粒径应以 $0.25 \sim 1.0$ mm 的中沙和粗沙为主,二者的比例至少为总量的 60%(见表 6-1)。当有 50% 沙子的粒径在 $0.25 \sim 0.5$ mm 时,它的持水力较强,其比例为 75% 时沙子的持水性就非常理想了。因为沙子的粒径分布变化很大,应用于根层改良的沙的组成比例应根据实验室的物理分析测试来确定。

有机成分:腐熟良好的有机物施加到根层混合物中,可改善根层的养分状况、持水性、弹性和透气性,它利于草坪建植,尤其是在沙比例高的根层混合物上播种建植草坪时,有机质可增强坪床表面的保湿能力。根层改良中腐熟良好的泥炭土是最常用的有机物,但其种类繁多,分解程度、pH 和矿物含量不一。完全腐熟分解的、矿质含量极低的泥炭土最好。各类泥炭土从好到坏分级为:泥炭腐殖质、芦苇-苔草泥炭、沼泽泥炭。其他有机改良物质如果腐熟彻底并在当地供给充足,也可满足需要。这些物质包括:腐烂的锯末、碎树皮、木质化的木料和一些动植物的副产品。这些物质应精细地粉碎才能达到最佳的品质要求。在选择最适材料时,应了解当地腐熟有机质资源的使用经验,同时结合严格的质量测验来保证根层改良的有机成分的使用。

其他可利用的改良物质:其他可利用的改良物质如果容易获得而且花费较沙子低,也可考虑用于根层混合物中。一定硬度的陶瓷黏土可被有效地利用。炼钢工业生产的鼓风炉渣也具有一定的优良物理特性。但是用炉渣改良土壤时,土壤的 pH 需要调整。如果用物理的方法适当地分级,煤矿页岩也可被有效地利用。已证明燃煤产生的冲洗灰和煤灰在根层改良中很有效,但这些物质必须无潜在的化学毒性,并且含盐量要低。加工过的云母和珍珠岩尚未用于根层土壤改良,因为在践踏很重时它们机械强度不足会影响果岭质量。另外有很多材料具有应用于根层改良的可能性,如多孔陶瓷土、硅藻土和沸石等,这些材料还需进一步的研究和实践检验才能决定是否能用于果岭。

(5)根系层建造过程:严格控制质量是根层改良成功实施的关键。所有的根层物的混合应在果岭建造的场地外完成。场地外的混合包括将土壤破碎、过筛,以除去任何不能用的石块,并将混合成分以适当比例填加到旋转混合机中,以得到理想的根层混合物。

符合要求的根层混合物混合完毕后,运送、堆放到果岭周围。用小型履带式推土机将土壤混合物推到果岭上。应注意,推土机要保持始终在铺设的根际层上前后移动,以尽量减少破坏下面的粗沙层和砾石层。土壤混合物应小心地从果岭周边推向果岭中心并达到理想的深度。铺设根际层时应以 $3 \sim 4.5$ m 的间距安置标桩,这样有助于建成理想的最终造型。果岭根际层混合土的散布可用人工铲、推和拖来完成。

7.喷灌系统安装。

(1)果岭喷灌系统组成:果岭的喷灌系统虽然仅占整个高尔夫球场的一小部分,但与整个高尔夫球场的喷灌连成一体。果岭区域内的喷灌系统主要由喷头、电磁控制阀、快速补水插座、喷灌管组成。喷头喷水时才升出草坪,完成喷水后自动降落到草坪中。喷头内设有方向元件,可调节喷头的旋转圆周为全圆或半圆。电磁控制阀是控制喷头的开关,电源线将卫星控制箱、喷头与电磁阀连接,喷灌时把卫星喷灌指令通过电磁阀输送到喷头上,指挥喷头工作。在卫星控制箱发生故障无法自动喷灌时,可手动开关电磁阀,控制喷头。日常喷灌时,尽量少直接手动电磁阀,否则,极易磨损并失去控制性能。

快速补水插座是果岭喷灌系统必不可少的组件之一。它是因风向、坡度或其他原因,需要对果岭局部地方进行人工补充水分时起作用的。它有相应的盖子、插头和管子,用完后将插头和管子收好,盖上涂有绿色的盖子。喷灌管多采用 PVC或 PE 管,可适当弯曲,其特点是强度高、寿命长,对大部分化学药剂有抗腐蚀的作用,承载容量较大,安装结合件简单。

(2)安装:对果岭而言,喷灌面要覆盖到整个果岭;喷头尽可能以等边三角形或正方形分布;每只喷头喷水的最远点达到相邻的喷头出水口,即相邻的喷头喷水能相互 100% 重叠,并提供最大的整体覆盖;每个果岭 4~6 个喷头,有些大果岭会超过 6 个;每个果岭设 1~2 个电磁阀门;每个电磁阀门控制 1~4 个喷头;喷头最大射程一般控制在 20 m;多选择出水量小、雾化效果好的喷头,使果岭表层能有效地吸收水分。过大、水流快的喷灌,大部分水从果岭表面流失,仅是表面的湿润,深根层并没有得到充分的吸收,上湿下干,容易培养出浅根草坪,带来一系列问题,达不到自动喷灌的预期效果。喷灌量小的系统除能有效灌溉外,在地下病虫害防治、除露水、去霜冻等方面也有很大的帮助。

由于果岭和周边的草坪养护不同,在安装果岭喷灌时,应将果岭喷灌与周边的沙坑、果岭裙的喷灌分开。即设计果岭喷头时,安置 2 种喷头,一种向内负责果岭,一种向外负责果岭周边。这样做能按需供水,在养护上有很大的便利,不至于使不需水的地方被迫接受灌水。例如,果岭边的果岭裙区域打孔施肥后,需浇水,只需打开果岭向外的喷头即可满足果岭沙坑、果岭裙对水的要求,而果岭则避免了接受不必要的灌溉。我国 20 世纪 90 年代初的高尔夫球场在果岭喷灌设计安装上多采用单喷头,虽然建造成本较低,但以后的长期养护成本和问题却较为突出。现代球场在喷灌设计、有效控制成本上开始更多地考虑为日后管理打下良好基础。设计、施工和管理达到越来越有机的结合,越来越科学。

快速补水插座一般设计在果岭边两侧,最好是设在果岭后坡下不显眼的地方。喷灌支管一般填埋在 20 cm 以下,管子用沙覆盖四周;感应线穿在 PVC 小管内加以保护。开沟尽量窄,以减少回填量和使土壤回填时紧实,避免下陷。喷头、电磁控制阀、补水插座的安装深度以其顶部与沙土面相平为宜。各种喷灌管线安装完成后,进行洗管工作,将安装时留在管内的沙、土和其他杂物等冲洗出管道,最后再装喷头试水,调整浇水方向、角度和水压。

8. 果岭表层细造型。造型师在完成根层沙质混合物铺放后,会用两种机械进行最后的表层细造型。最先用的是带推土板的小型履带推土机,如小型 D4 推土机,由于其推土板能多方向操作,多用于球场细部造型。造型师操作造型机,按果岭的地型变化、标高,整型出一个与设计图案接近的果岭表层。最后用耙沙机(前带小推板后带齿耙的一种机械)反复多次耙平果岭。为了使果岭的造型面更为光滑,造型师还会用耙沙机牵引着一种网格状的铁制拖网,连同果岭边外一起拖耙,一直达到理想的光滑曲面。此时,果岭的造型最终完成,可进入草坪建植阶段。

(三)果岭草坪的建植

1. 草坪草种的选择。草种选择正确与否是果岭草坪高质持久的重要基础。草坪草的生态适应性是所有草坪草种选择的基本原则和方法,对果岭草坪草的选择也是适用的。适于果岭的草种应具有如下特性:①低矮、匍匐生长习性和直立的叶;②能耐 3mm 的低剪;③茎密度高;④叶质地精细,叶片窄;⑤均一;⑥抗性强;⑦耐践踏;⑧恢复力强;⑨无草丛。目前适用于果岭的草坪草主要有:暖季型杂交狗牙根品种;暖季型海滨雀稗品种;冷季型匍匐翦股颖(如:Penn A-4、A-1、L-93等);冷季型绒毛翦股颖等。

各地在决定果岭草坪草种时应咨询草坪专家,根据高尔夫球场的地理位置、功能定位、拟投入的维护经费、草坪总监的技术水平等因素选择合适的草种。

2. 草坪的建植方法。高尔夫球场的建造应在最佳草坪建植期之前完成。因为果岭有灌溉系统,水分条件不是影响果岭草坪建植的主要因素,所以土壤温度成为影响最佳种植时间的重要因素。冷季型草坪草的种子在 16～30℃ 的范围内即可萌发,而暖季型草坪草种子的最佳萌发温度范围为 21～35℃,萌发后最佳的生长温度为 27～35℃。因此,春末夏初最适于暖季型草的种植,而冷季型草坪草在夏末秋初种植最好。有些情况例外,在黑龙江省、吉林省等比较寒冷的地区,其生长季很短,这种情况下,春末夏初是冷季型草坪草的最佳种植时间。恰当的种植时间对于确保迅速、均一的草坪建植至关重要,不适当的种植时间会极大影响果岭草坪的成坪速度,甚至造成草坪建植的失败。

在果岭的根际层混合物铺设到场地之前,应将每一个果岭代表性的土样送到专业的土壤测试实验室进行分析。测试结果为种植前的土壤 pH 的调整和 N、P、K 的施入量提供依据。如果需要,也可能要求分析微量元素的含量、盐含量、钠水平或硼含量。

　　果岭及果岭环草坪的建植步骤可参照图 6-12。以下就其主要环节予以具体介绍。

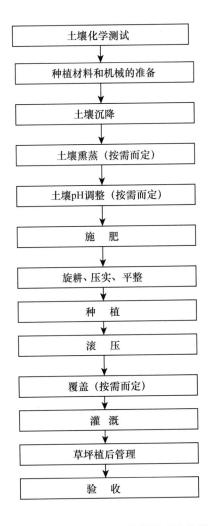

图 6-12　果岭及果岭环的草坪建植流程

（1）土壤 pH 的调整：pH 调整的大部分工作应在果岭细造型之前完成。调整材料至少应混合在 10～15 cm 深的根层中。石灰石（主要成分碳酸钙）最常用于酸性土壤的调整，尽量采用颗粒细的材料，利于其迅速反应。白云石石灰用于缺镁的酸性土壤中。硫一般用于调整碱性很强的土壤。材料的施用量依据土壤测试的结果。如果同一建造场地的果岭根层混合物相同并且混合适当，不同果岭的单位施用量应是一致的。

土壤 pH 调整的材料可在根层混合物放入场地后混合施用，也可在根层混合物混合时加入。后一种方法能保证整个材料在根层彻底混合，但材料的用量会加大。

（2）施肥：根层施基肥对大多数新建造的果岭是一项必要的草坪建植步骤。肥料的施用量和比例应根据土壤测试的结果确定。一般而言，纯氮的施用量为 3～5 g/m^2，以 N∶P∶K 比例为 1∶1∶1 的全价肥形式施入，而磷和钾的用量可视土样化验结果而定。所施用的氮肥中应有 50％～75％为缓释肥，钾肥也最好使用缓释剂型。微量元素亏缺在以沙为主的根际层中非常容易发生。如果土壤测试表明缺少或根据以往的经验判断需要某种微量元素，选用的微量元素必须与全价肥同时施用。

肥料通常在种植前施入根层 7.5～10 cm 的土壤中。一般用施肥机械撒施在根层表面，然后再用速度较慢的旋耕机将肥料均匀地搅拌到理想深度。有时也可辅助人工施肥。

（3）植前土壤准备：果岭的根层表面在种植前应轻翻一下，创造一个湿润、土壤疏松的坪床。坪床准备的最后阶段需要不少工序，如反复手工翻耙和拖平。作业时要十分小心，以保护果岭的造型。另外，坪床表面应尽量平滑，如果不投入足够的时间精细平整表面，在草坪建植时会消耗大量时间覆沙，甚至会影响球场开业。

（4）种植：新建果岭草坪的种植一般有三种方法：种子直播法、根茎种植法和草皮全铺法。匍匐翦股颖果岭通常用种子直播建坪，种子直播建坪的成本较低，并且比较简易。杂交狗牙根因没有种子，故只能用根茎建坪。全铺草皮法建坪速度快，但国内罕有能生产出符合果岭质量的草皮农场，目前一般只在重建或修补果岭草坪时使用，以减少对打球的影响。

①种子直播建坪。购买建坪所用的种子时，一定要注意检查种子的质量标签，同时检查种子的纯净度，尽量避免混入杂草种子。匍匐翦股颖种子中往往混杂一年生早熟禾和粗茎早熟禾的种子，购买种子时应注意取样分析，以避免增加建坪时清除杂草的难度。

常规的种子直播方法是用撒播机把种子按一定播量均匀撒播在坪床表面，播种深度为 6 mm 左右。播种后立即轻度镇压,使种子与土壤紧密接触。为确保播种完全、均匀,可将种子分成多份,从不同的方向少量多次撒播。由于匍匐翦股颖的种子非常细小,可把种子与颗粒较粗、大小均一、且重量较轻的玉米屑或处理过的污泥土混合后撒播。播种尽量避免在有风的天气进行。适当的催芽处理可加快成坪的速度,满足球场建造工期的需要。另外,播种时,果岭坪床土壤应保持干燥,尽量减少播种者走过果岭时在土壤表面留下明显脚印。

使用喷播机播种可避免在果岭表面留下脚印。尽管喷播机仅能把种子撒在土壤表面,但果岭有灌溉系统,可根据需要随时补水,保持土表湿润。喷播时要特别小心,不要把种子喷到果岭环外。肥料最好在最后表面细造型之前施入土壤,而不要混合到喷播混合物中。同时,在喷播时用无纺布进行覆盖,对于保持土壤湿润和温度是一种非常重要的辅助措施。

②根茎种植法。将草根茎充分地撕散开,撒在果岭表面,密度以少露出沙为宜。用铺沙机覆沙。覆沙厚度以不露根茎为宜,因种后浇水,覆盖的沙子层自然下沉渗入根茎间,会露出部分根茎,减少根茎水分蒸发,利于其恢复生长。

另外也可用喷播机播种草茎,这种方法可避免对果岭光滑表面的破坏,同时种植的速度较快,比较适用于新建的 18 洞高尔夫球场的快速建植。

③全铺草皮法。在草皮非常充足、要求新建果岭在短时间内能投入使用时多采用此法。切出的草皮厚度要均一,有序铺放在果岭上。草块或草卷之间紧密相连。如有条件,最好覆盖一层沙。采用铺植法建坪的最大好处是可缩短工期,且草坪质量有保证。铺植建坪的草皮要在草圃中培育。在原土铺一层与坪床成分相同的沙床,在上面播种、养护,成坪后再铺植到果岭上。铺植后进行镇压、铺沙等措施,一周后即可达到使用标准。

(5)覆盖:水源充足的情况下,果岭草坪建植时一般不覆盖,但是对于播种建坪的匍匐翦股颖果岭而言,覆盖是实现快速均一建坪的最好保护措施之一。尤其播种在土壤水分蒸发较大的沙质土壤上,覆盖显得更为重要。国内目前用无纺布作为覆盖材料,无纺布透气、透水、透光,且可多次使用。有些地方用胡麻草、小麦秸、稻草等作覆盖材料也非常成功。

(四)果岭草坪的幼坪管理

果岭草坪开始分蘖时即开始修剪、镇压、铺沙,以刺激草坪草匍匐茎的快速扩延,尽早形成致密光滑的表面。按果岭正常养护措施管理一个时期,草坪即可达到果岭使用效果。

1. 浇水。果岭植草后浇水管理原则以少量多次、湿润根层为宜。尤其是在炎热的夏季或干燥的秋季,注意保持表层沙子、根茎或种子的湿润,每天浇水次数

3～6次。每次时间限制在湿润表层不形成水流即可。喷头调整成细雨雾状为宜，避免水滴过大对沙子或种子造成冲击。

2. 施肥。在草坪草新根长至 2 cm,新芽萌发 1～2 cm 时,为了加快成坪速度,定期 10～15 d 施肥一次,以高氮、高磷、低钾的速效肥为主。每次施肥后注意浇水。

3. 碾压。碾压的目的是压实果岭,使果岭的表面平滑,并有助于茎枝压入土壤中。碾压前浇水,碾压的效果会更好。碾压的次数视果岭松实度和光滑度而定。每周一次较为适宜。碾压机使用动力碾压单联或三联机,能保证压力均匀。手推人工碾筒,因靠人发力推动而滚动,反而会在果岭上留下很多脚印,不宜采用。

4. 铺沙。由于建植时的人为因素、养护管理时的浇水不均等形成的冲刷、水滴过大对土壤表面的撞击造成小窝点等原因,使果岭表面粗糙、不平滑。铺沙是解决光滑问题的主要措施之一。如果草长到可修剪的高度,铺沙前修剪更有助于沙子的沉落和拖沙时沙的均匀再分配。初期铺沙的厚度稍厚,以覆盖根茎、露出叶片为适度。后期随着果岭光滑度加大,铺沙厚度减少,量少次数加多。铺沙由铺沙机完成,随后用铁拖网或棱形塑料制网或人造地毯将表面拖平。

5. 补苗。因为撒种时造成的局部草苗空缺或因浇水不足等造成种苗死亡,需要在缺草的裸露处进行补植。补植能使果岭的草坪草覆盖加快,成坪一致。补植时关键的还是注意水分的补充。

6. 修剪。初期修剪应在草坪的覆盖率达 90% 以上、苗高有 10～15 mm 时进行。无论何时,修剪应在草坪上无露水时进行。修剪高度初期控制在 8～12 mm,以后逐步降低至需要的理想高度。修剪次数初期每周 1～2 次,随着果岭草坪的形成加密到每日一次。剪下的草屑随机带走,不宜留在果岭上。采用手推式滚刀型 9～11 刀片剪草机或三联式剪草机,这有利于保证果岭表面平滑整齐。

7. 杂草和病虫害防治。初建的草坪极少发生病害。防治方面主要针对杂草和害虫。果岭成坪初期,杂草量不会很大,发生时以人工拔除为主。采用除草剂时应谨慎选择。根据杂草类型有针对性选用选择性除草剂。使用前,最好先试验一下,将除草剂种类、浓度、用量、时间等掌握好。虫害有黏虫、介壳虫、飞虱、叶蝉、草地螟、蝼蛄等。触杀型和传导型杀虫剂对黏虫、叶虱、叶蝉等都很有效。草地螟一般在 5～8 mm 表层土危害茎、叶,喷药后薄薄地浇水,让药剂渗入沙层,即能达到防治效果。采用灌药法或诱饵法防治蝼蛄。虫害防治最好是发生初期即采取措施至清除为止。

八、发球台草坪工程 ◆

参照果岭草坪工程。

九、球道草坪工程 ◆

球道建造流程如图 6-13 所示。

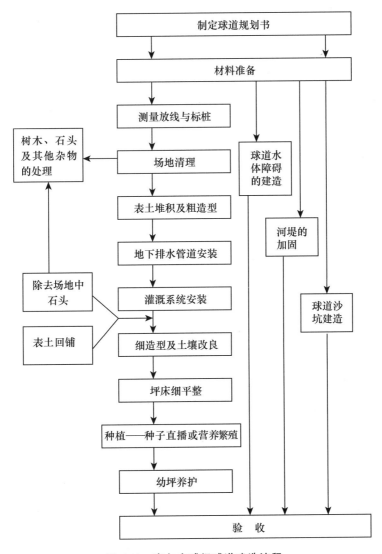

图 6-13 高尔夫球场球道建造流程

205

(一)测量放线与标桩

测量放线是高尔夫球场建造的第一步,同时也贯穿于整个球道建造阶段。建造球道时,首先进行测量,并沿着球道中心线每隔 30 m 打一个标桩,标桩应坚固耐用。另外,在落球区及球道转点处应用特殊的标桩做出明显的标记。

(二)场地清理

根据清场图和已经测量定位的球道中心线,首先将球道中心线每侧 12 m 内的树木和大块石头等清除,然后由设计师在现场根据需要,加宽清理区域,可以通过移动球道中心线或轻微改动原有的果岭、发球台或沙坑的中心点,以保留球道边缘重要的树木,并进行标桩或插上旗帜,如需要,设计师应再次出现场,仔细体会球道的战略性和球道的整体树木景观效果,进一步补充需要清理的区域,并最终完成球道的清理。已确定清理的树木,不仅要将树木砍伐、搬运,还要将树桩及树根挖除,以免影响草坪的建植及后期草坪的管理。清除大的树根及树桩而留下的深坑应及时填土夯实,以免日后发生沉陷。一般来说,大多数土壤每填 30 cm 的土通常要下陷 5 cm 左右。

(三)表土堆积

表土堆积是在球道场地清理后,如场地表层土壤质地较好,较适于坪床土壤的要求(如沙壤土),可以将地面表层 20~30 cm 深的良质土壤堆积到球场暂不施工的区域存放,用于以后的球道坪床建造时运回铺设,进行坪床改良。

(四)场地粗造型

高尔夫球场中有的球道比较平坦,起伏较小,而有的球道可能起伏较大。在表土堆积工作完成后,要根据球道设计图对球道进行必要的挖方、填方工程,而后在形成一定的起伏造型基础上进行场地粗造型,即对球道和高草区等区域进一步进行小范围的土方挖、填、搬运和对造型局部加工修理,使球道和高草区的起伏造型更符合高尔夫球场造型等高线图的要求,进一步体现设计师的设计理念和高尔夫球场的设计风格。

由于球道和高草区面积占高尔夫球场总面积的 40%~60%,因此场地粗造型的主体是球道和高草区的粗造型,而二者的造型应是一个整体,需要紧密相连,一气呵成,不能人为地加以分割。在对球道和高草区实施粗造型时,要使造型起伏自然、顺畅、优美,既符合打球战略要求和高尔夫球场自身对造型起伏的内在基本要求,以及设计师的设计理念和球场风格,而且要利于草坪的建植和管理机械的操作,同时要利于地表排水,保证降雨后产生的地表水能迅速排走,不发生积水现象。

(五)地下排水管道的安装

球道的排水主要应依靠地表径流排水,但在地形低洼区域应安装必要的排水管道,或者根据情况采用渗水井、渗水沟等进行排水。

(六)灌溉系统的安装

许多现代化的高尔夫球场球道都设有灌溉系统,灌溉系统的安装应在草坪种植前完成并运行良好,以保证草坪建植时对土壤湿度的要求。球道灌溉系统的设计与安装应能保证水分喷洒均匀,没有盲区。因此要考虑到不同的地形条件和土壤类型对水分要求的不同,而这也与土壤的排水性能相关。因此,处于不同土壤类型、不同标高处的喷头应由不同的泵站或阀门进行控制,进行分区灌溉。球道中每个泵站或阀门所能控制的喷头数最多不能超过3个。

球道所采用的喷头射程一般较果岭、发球台远,也常使用地埋、自动升降式旋转喷头。球道喷头布置方式有单排式、双排式和三排式。单排式布置是喷头以一个单行布置在球道中心线上,适于较窄的球道。双排式是球道中布置两排喷头,喷头的间距依据喷头性能及风速的影响而定,其最基本的布置方式是正三角形和正方形。三排式是在球道中布置三行喷头,喷头的布置方式一般采用正三角形,喷头的间距与其射程相等,即达到100%的覆盖面积,适于球道较宽的地方如落球区等。在一些管理水平要求较高的球场,为达到精确、均匀喷灌的目的,在所有球道中都使用三排式布置喷头。

按照球道灌溉系统设计图,进行管沟的放线和挖掘,在不同的地域,管沟深60~100 cm,为防止冬季冻裂水管,应将管道埋至土壤永冻层以下。管沟宽一般为30~50 cm,可以用机械挖掘,也可以用人工挖掘。沟底需处理干净、紧实,无杂物。而后在沟底铺一层细土或细沙,沿管沟中心线将管道置于细沙上,其上回填原土壤。管道安装完毕后,可先不安装喷头,待需要喷水时安装。在管沟回填中,要特别注意管沟的沉陷问题,因此应分层进行土壤的回填并碾压,并留有充分的时间使土壤沉降。如有必要,可安装喷头进行喷水,促进土壤沉降。

(七)场地细造型及坪床土壤的改良

球道及高草区的细造型工程是在场地粗造型的基础上进行的,是关系到高尔夫球场日后运营难易及草坪质量的一项工程,对高尔夫球场景观的优美、和谐也具有重要作用。因此不仅要根据球道造型局部详图进行,而且还需要设计师进行现场指导实施,确定各球道及高草区局部区域的微地形起伏,并对所有的造型区域精雕细琢,使整个高尔夫球场的造型变化流畅、自然,没有局部积水的区域,同时有利于剪草机及其他管理机械的运行。

坪床土壤的改良与细造型工程一般结合实施。在细造型进行到一定程度后，将原来堆积的表土重新铺回到球道中，并细致地修整造型。由于球道面积广大，出于对建造时间及经费的考虑，一般不会如同建造果岭及发球台那样对球道坪床进行精细的处理，而只是对球道坪床土壤进行必要的改良，因为草坪一旦种植后，很难再对其赖以生存的坪床基础实施任何改良措施。球道坪床土壤改良可采用全部改良和部分改良两种方式进行。

1.全部改良。全部改良是重新建造坪床的过程，一般在场址的土壤条件极差的情况下实施。具体的操作方法是在原土壤上重新铺设一层厚 15～20 cm 的良质根系层土壤。重新铺设的土壤最好为沙壤土，含沙量在 70％左右，且以中粗沙为主。土壤铺设后，根据需要施入一定量的有机肥或复合肥及土壤改良剂如泥炭等，以改善土壤的物理性质。同时根据土壤测试结果，调整土壤的 pH 值。而后利用混耙机械将土壤与施入的肥料和土壤改良剂等充分混拌均匀，混拌深度应控制在表层 20 cm 以内。

2.部分改良。部分改良是利用球场中原有的土壤，加入部分改良材料进行坪床建造的过程，适用于原场址土壤质地和土壤结构较好的情况。具体操作方法是将球场施工时堆积备用的表层土壤，重新铺设到球道上，铺设厚度至少要达到 10 cm，最好能达到 15 cm。根据表层土壤状况和球道草坪草的要求加入适宜的改良材料，如适量的中粗沙、有机土壤改良剂等。同时根据土壤测试结果和草坪草的要求，调整 pH。而后将施入的改良材料均匀地混耙到表层土壤中，深度控制在 15 cm左右。

进行坪床土壤改良后或铺设表土的球道，其造型要符合设计图纸要求，并在设计师现场指导下进行局部的标高与造型调整，使之符合球道细造型原来的形状，最后将坪床处理光滑、压实。

(八)球道草坪的建植

球道草坪是高尔夫球场草坪中面积最大的部分，管理水平高于高草区，低于果岭和发球台。适于在球道种植的草坪草种很多，球道草种的选择可参照当地运动场草坪。

选择球道草坪草种及品种时，首先要考虑草种的适应性和抗性，所选草种必须能够适应种植地的气候和土壤条件，具有抵抗当地主要病虫害及其他不良环境条件的能力。

其次要考虑日后投入的管理费用和草坪的养护水平，因为草坪建成后，随之而来的是需要投入大量的资金进行养护管理，而不同的草种所要求的养护管理水平差别较大。由于球道在球场中占地面积较大，要维持较高的养护管理水平需要投入大量的资金,如无法保证资金的投入,则应选择虽然坪观质量稍差、但较耐粗放管理的草坪草。

1.坪床准备。球道占地面积大,应在草坪建植的最适季节前完成高尔夫球场的建造工程,以便在最适宜的季节进行草坪建植工作。当球道最终造型完成后,应采集有代表性的土样进行土壤测试,为改良球道土壤酸碱度及球道施基肥提供科学依据。

球道草坪种植前,为了保证日后草坪表面的平整,需对坪床进行精细的准备工作,具体步骤如下。

(1)坪床清理:坪床清理的主要工作是清除石块、大土块等杂物,清理树木、草根及杂草等。球道坪床内的石块等杂物应全部清理出去,否则会对后期的修剪、打孔、划破草皮等的管理机械造成损害,还会影响球手打球,损伤球杆面,甚至打球时飞出的石块有可能造成人员的伤害。另外,大石块还会造土壤水分供给能力不均匀。

球道中的石块要进行多遍的清理,可以使用石块清理机械结合人工进行。对于表层土壤 5~8 cm 内的大小如高尔夫球的石块都应彻底清理干净。

球道中的杂草、树根等也必须清理,否则会对后期草坪养护带来很多麻烦。如坪床上生长有杂草时,应使用非选择性除草剂进行杀灭,防止杂草在幼坪期对草坪造成危害。病虫害较多的地区应进行土壤消毒,杀灭土壤中的病原菌和虫卵等,防止苗期造成危害。

(2)坪床表面细平整:采用拖、耙、耱等方法处理坪床,使坪床表面光滑平整,起伏自然、流畅,没有局部积水区。同时还要使坪床土壤颗粒均匀,无直径大于 5 mm 的土壤颗粒。

(3)调节土壤 pH 及施入基肥:播种前,根据球道土壤样品测试结果,如土壤偏酸或偏碱,应进行土壤 pH 的调节,为草坪草的生长创造良好的土壤条件。有时可能不必调节土壤 pH,但必须在球道的坪床施入一定的以 N、P、K 肥为主的复合化肥作基肥,施肥量一般在 $100 \sim 150 \ g/m^2$,其中 N、P、K 肥的比例应为 1:4:2 或 2:5:3,施入的 N 肥中最好有一半左右为迟效氮肥。基肥的施用可使用撒肥机。基肥施入后,要与土壤充分混拌均匀,混拌深度控制在表层 15 cm 内。如土壤测试结果表明土壤中缺乏某些微量元素,可结合复合肥施入一定量的微量元素。

坪床准备工作完成后,要留出充分的时间,使坪床土壤进行沉降,通常碾压和喷灌有助于坪床土壤的快速沉降。

2.草坪种植。球道草坪的种植也有种子直播与营养繁殖两种方式。大多数草坪草可采用种子直播建坪,部分只能进行营养繁殖的暖季型草坪草,可采用播茎枝、直铺草皮等方法建坪。

(1)种子直播。

①种植时间:对于球道草坪来说,由于现代高尔夫球场的球道一般都设有喷灌系统,因此水分的限制因素较小,主要是需要有草坪生长的适宜的温度条件。对于冷季型草坪草如草地早熟禾、匍匐翦股颖等,其种植季节最好安排在晚夏早秋或春季,相比之下,晚夏早秋更佳,因此时杂草危害小,有利于草坪的快速成坪。而暖季型草坪草,如狗牙根、结缕草等,其种植季节最好安排在晚春和早夏,以使草坪草在夏季进行充分的生长。

②种植前的准备工作:球道面积大,草坪种植所需要的时间也较长,因此,在草坪种植前应做好充分的准备工作,提供足够的人力和物力条件。主要准备工作包括检查喷灌系统及运行状况,准备好充分的种子或营养繁殖体,调试播种机械使之操作正常,对人员进行培训,使之能熟练操作播种机械和掌握种植技术等。

③播种方法:球道播种一般采用机械播种,播种机可为大型种子撒播机、手推式播种机及液压喷播机等。采用带有耕耘镇压器的播种机效果更好,播种后随即覆土压实,使种子与土壤充分接触,且有助于坪床表面的光滑,也节省人力和时间。液压喷播机也较适宜于球道播种,它将播种、施肥、覆盖等工序一次完成,大大提高播种效率。

采用种子直播建坪时,应尽量做到播种均匀、深度适宜,种子与土壤紧密接触。球道草坪播种量及播种深度如表 6-4 所示。

表 6-4　球道草坪播种量与播种深度

草坪草种	播种量/(g/m²)	播种深度/mm
草地早熟禾	12～18	5～10
匍匐翦股颖	5～7	2～5
狗牙根	15～20	5～10
结缕草	15～20	5～10

如果高草区与球道草种不同,播种球道与高草区相接处时,应使用下落式播种机,以避免破坏球道轮廓线,防止种子飞进高草区而成为杂草。因球道面积较大,播种时,可划分成多个小区进行,且最好能在相互垂直的方向上播两遍,以保证播种均匀。

如球道坡度较大,播种后应进行覆盖,可使用无纺布、植物秸秆等覆盖材料。如喷灌良好,水的雾化程度高,且坡度较小,喷灌不会对土壤和种子造成冲刷,可以不进行覆盖。

（2）营养繁殖。细叶结缕草、沟叶结缕草及部分狗牙根品种一般进行营养繁殖。球道中最常用的营养繁殖方法是播种茎枝法和插植法。播种茎枝法与果岭相似，只是播茎量比果岭少 20%～30%。球道进行插植时，可使用枝条插植机进行。先用枝条插植机在坪床上开沟，然后将枝条插入 2.5～5 cm 深的沟中，而后将沟周围的土壤抚平、压实。枝条间距一般为 7～10 cm，行距为 25～45 cm。株行距越小，成坪越快。

采用营养繁殖方法建坪，茎枝播种后或插植后要及时灌溉，防止茎枝脱水而导致建坪失败。

（九）球道草坪的幼坪管理

为了获得理想的球道草坪，种植后幼坪的养护非常重要。幼坪养护措施主要有以下几项。

1. 浇水。适宜的喷灌是使种子出苗和幼坪快速成坪的关键。营养繁殖方法建植的草坪，必须尽快喷灌。种子直播方法建坪时，播种后需保持坪床表面湿润，浇水遵循少量多次的原则，根据气温及空气干燥的程度，每天进行 1～2 次的喷灌，灌水量不能太大，每次浇水以地表面出现径流时为止，防止对种子和土壤造成冲刷。当播种 2～3 周后种子幼苗出齐时，可逐渐减少喷灌次数，加大每次的灌水量。播种后进行覆盖的草坪可适当减少浇水量和浇水次数。

2. 修剪。球道幼苗生长到 5 cm 左右时要进行第一次修剪，此时修剪高度一般为 2.5～4.0 cm。这一修剪高度要保持 7～10 周，以后再逐渐降低修剪高度，直至达到球道草坪要求的标准修剪高度 1.5～2.5 cm。修剪频率依据 1/3 的修剪原则来确定。每次修剪时要与上次修剪的方向不同以提高草坪的平整性和均匀性。幼坪的修剪时间在中午幼苗干燥时进行。

3. 施肥。球道幼坪在生长到 4～5 cm 时，可进行第一次施肥，第一次施氮量可为 2～3 g/m²。以种子建坪的幼坪可以每 3 周或更长时间施入一次氮肥。以营养繁殖方法建成的幼坪，每隔 2～3 周施入一次氮肥，施氮量为 3～5 g/m²，以促使其尽快成坪。施肥后要立即浇水，防止肥料对幼苗造成"灼伤"。P 肥和 K 肥在球道的幼坪阶段一般不缺乏。

4. 杂草防除。由于草坪尚未成坪，对除草剂敏感，使用除草剂除杂草的时间应尽量向后推迟。如早期杂草严重，可通过人工拔除。防治阔叶杂草的除草剂至少要在种子萌发后 4 周才能使用，而防治一年生杂草的有机砷类除草剂至少要在种子萌发后 6 周才能使用。除非万不得已，尽量不要在幼坪期使用除草剂。

在幼坪期，草坪还很脆弱，此时应防止受到践踏和碾压，在播种后 6～8 周内要禁止管理机械外的其他机械进入。在进行幼坪管理操作时,也要尽量减少对幼苗及坪床的践踏。

其他幼坪培育措施如镇压、覆沙等,球道的幼坪几乎不使用。如需要,可参照果岭幼坪管理措施。

十、球场道路工程

高尔夫球场内道路可以分为三类,第一类是会馆与场外道路相连及通向高尔夫球场其他管理区域的一级道路;第二类是供球车和管理车辆行走的球车道路;第三类是供球手步行的人行道路。

(一)球车道路

球车道路的主要目的是方便球手打球和球场管理。球车道路的布置要科学合理,否则会带来严重的草坪践踏问题。球车道路也被用作球场管理道路,供草坪管理机械的运行。因此,布置道路时要考虑到现场地形、植被区域、球道打球战略以及车辆管理等多种因素。

球车道路最好设在高草区中,距离球道边线 10 m 左右,从发球台延伸到果岭。一般不在紧邻球道的边缘或在球道和沙坑之间设置道路。两个平行球道可以共用一条球车道路。球车道路应设在不显眼的区域和非打球的区域,一般都设在球道两侧的起伏造型之中。

球车道路的宽度一般在 2～3 m,这种宽度具有方便球车在路上停置、方便管理车辆的运行和操作、有利于铺设道路的机械施工等优点。较窄的球车道路可以减少建造成本,降低道路对球场景观连续性的影响和减少对打球的过多影响,但太窄时道路边缘容易损坏。球车道路的坡度应该保证球手开车的安全,尤其在山地球场中避免在坡度较大的地方设置急转弯,避免使陡坡路面朝向水面。水边的道路应该设置道牙、保护栏杆等。避免上下坡的道路坡度过大。坡度的设置还要考虑其地表排水,使路面雨水能自然地排向道路两侧,一般道路从中间向两侧倾斜,但坡度不能太大,横向坡度应控制在 4% 以下。球车道路也可向路面一侧倾斜,但一般不向路面中间倾斜,在出现这种情况时,在道路下安装涵管排除路面积水。

(二)人行道路

在高尔夫球场中,常在某些部位布置一些人行道路。高尔夫球场中的人行道路主要是方便球手穿带钉球鞋步行和为球手指导行走方向。但很多高尔夫球场出于景观协调性的考虑,不布置步行道。

人行道路一般布置在会馆到练习果岭和练习场之间、会馆到两个半场起始发球台与结束球道的果岭之间、某些果岭到下一洞发球台之间。在山地高尔夫球场中,某些较陡峭的区域也常布置人行道路。人行道路宽度一般为 1 m 左右,仅供球手步行,不允许机动车辆的通行。人行道路设置时还要考虑手拉球车的行走方便,对于台阶式的人行道,要在其一侧或两侧设置手拉球车的缓坡道路。另外,台阶式的人行道路坡度要适宜,一般不能超过 15°,否则不利于行走,既耗费体力又不安全。

3.桥梁。高尔夫球场中由于设置水面障碍,常需要在湖、渠的某些区域建造桥梁。高尔夫球场桥梁不同于一般的道路桥梁,不仅具有担负行人与车辆通行的功能,更要求有轻盈、优美的园林景观特点,能与整个球场的园林景观相匹配。高尔夫球场内的桥梁应具有如下特点:

(1)简便易行,与周围景观相协调;

(2)桥宽能满足球员、球车流量和管理车辆的通行;

(3)桥梁要有扶手、栏杆等;

(4)要有适当的桥梁高度;

(5)桥梁结构要能充分承受球车和管理车辆的荷载;

(6)使用的建筑材料要具有持久、耐腐蚀的特点;

(7)便于管理。

高尔夫球场内的桥梁有木桥、石桥、预制混凝土桥、铁架桥等多种形式。建筑上风格各异,各具特色。从园林角度来说,不仅自身要具有优美的园林效果,而且要与湖面景观和周围景观相协调。桥梁建造一般与水域工程同步实施。预制混凝土桥要事先进行预制件的预制。木桥的建造要选择适宜的季节,避开雨季。步行桥梁上,最好铺设橡胶垫,以便行走脚感舒适和减小球鞋钉子对桥面的破坏。

参 考 文 献

［1］黄复瑞,刘祖祺. 现代草坪建植与管理技术. 北京:中国农业出版社,1999.

［2］龙瑞军,姚拓. 草坪科学实习试验指导. 北京:中国农业大学出版社,2004.

［3］徐庆国. 草坪学实验实习指导. 北京:中国林业出版社,2015.

［4］魏景超. 真菌鉴定手册. 上海:上海科学技术出版社,1979.

［5］彩万志. 普通昆虫学. 北京:中国农业大学出版社,2001.

［6］崔景岳,李广武,李仲秀. 地下害虫防治. 北京:金盾出版社,1996.

［7］商鸿生,王凤葵. 草坪病虫害及其防治. 北京:中国农业出版社,1999.

［8］郭郛,忻介六. 昆虫学实验技术. 北京:科学出版社,1988.

［9］耿以礼. 中国主要植物图说——禾本科. 北京:科学出版社,1959.

［10］翁启勇,余德亿. 草坪病虫草害. 福州:福建科学技术出版社,2002.

［11］赵美琦,孙彦,张青文. 走近草坪:草坪养护技术. 北京:中国林业出版,2001.

［12］赵美琦,孙明,王琦. 草坪病害. 北京:中国林业出版社,2000.

［13］周志远. 农田水利学. 北京:中国水利水电出版社,1993.

［14］陈宝书. 草原学与牧草学实习实验指导书. 兰州:甘肃科学技术出版社, 1991.

［15］陈佐忠,王代军. 现代草坪研究进展. 北京:中国农业出版社,2000.

［16］沈国辉,何云芳,杨烈. 草坪杂草防除技术. 上海:上海科学技术文献出版 社,2002.

［17］吴普特,牛文全. 节水灌溉与自动控制技术. 北京:化学工业出版社,2002.

［18］吴千红,邵则信,苏德明. 昆虫生态学实验. 上海:复旦大学出版社,1991.

［19］许志刚. 普通植物病理学.2版. 北京:中国农业出版社,1997.

［20］孙彦,周禾,杨青川. 草坪实用技术手册. 北京:化学工业出版社,2001.

［21］孙吉雄. 草坪学. 北京:中国农业出版社,1995.

［22］孙吉雄. 草坪绿地实用技术指南. 北京:金盾出版社,2002.

［23］胡林,边秀举,阳新玲. 草坪科学与管理. 北京:中国农业出版社,2001.

［24］任继周. 草业科学研究方法. 北京:中国农业出版社,1998.

［25］孙吉雄,陈谷,马晖玲. 草坪养护与管理. 昆明:云南教育出版社,1999.

［26］孙广宁,宋兆锋. 植物病理学实验技术. 北京:中国农业出版社,2002.

［27］叶钟音. 现代农药应用技术全书. 北京:中国农业出版社,2002.

［28］方中达. 植物病害研究方法. 北京:中国农业出版社,1998.

［29］中国科学院中国植物志编辑委员会. 中国植物志(第九卷,第十卷). 北京:科学出版社,1990,1995.

［30］Clark M S. 植物分子生物学实验手册. 北京:高等教育出版社,1996.

［31］全国牧草品种审定委员会. 全国牧草、饲料作物品种审定标准(含草坪草),1992.

［32］徐庆国,张巨明. 草坪学. 北京:中国林业出版社,2014.

［33］徐秉良. 草坪技术手册——草坪保护. 北京:化学工业出版社,2006.

［34］张德罡. 草皮生产技术. 北京:化学工业出版社,2006.

［35］韩烈保. 运动场草坪. 北京:中国农业出版社,2001.

［36］孙吉雄. 草坪工程学. 北京:中国农业出版社,2011.

［37］韩建国,毛培胜. 牧草种子学. 北京:中国农业大学出版社,2011.